青少年
综合素质培养课

青少年
创造力培养课
财富

杜兴东　编著

全球经典的品质培养成长书系之一

你的人生第一课

北京出版集团
北京出版社

图书在版编目(CIP)数据

青少年创造力培养课．财富 / 杜兴东编著．— 北京
：北京出版社，2014.1
（青少年综合素质培养课）
ISBN 978－7－200－10285－7

Ⅰ．①青… Ⅱ．①杜… Ⅲ．①青少年—创造能力—能力培养 Ⅳ．①G305

中国版本图书馆 CIP 数据核字(2013)第 282796 号

青少年综合素质培养课
青少年创造力培养课　财富
QING-SHAONIAN CHUANGZAOLI PEIYANGKE　CAIFU
杜兴东　编著
*
北　京　出　版　集　团
北　　京　　出　　版　　社　出版
（北京北三环中路 6 号）
邮政编码：100120
网　址：www.bph.com.cn
北京出版集团总发行
新华书店经销
三河市同力彩印有限公司印刷
*
787 毫米×1092 毫米　16 开本　12 印张　170 千字
2014 年 1 月第 1 版　2023 年 2 月第 4 次印刷
ISBN 978－7－200－10285－7
定价：32.00 元
如有印装质量问题，由本社负责调换
质量监督电话：010－58572393
责任编辑电话：010－58572303

前言　遵循财富法则，创富没有那么难

在这个世界上，有一门科学，名叫致富的科学，专门指导人们如何获取财富。这是一门货真价实的自然科学，就像数学里的代数和算法。

——《失落的致富经典》

100个富翁，会有100个发家故事，100种创富经历，100条致富之路。如果你向身边的人请教到底该如何致富，那么100个人可能会有100个答案：排队买彩票的人会告诉你致富完全靠运气；银行职员会告诉你致富全靠储蓄；保险代理人会告诉你致富全靠保险；你的老师会告诉你致富全靠教育基础；珠宝店的老板会对你说致富全靠投资珠宝；期货市场的炒家会告诉你致富全靠期货买卖……

这些答案五花八门，可能会令人茫然不知所措。但《失落的致富经典》的作者华莱士可以告诉你一个确定的答案：只要遵守致富的“既定法则”，就可以把财富吸引到身边。

人人都可以成为富翁，因为这世界上确实有一门教人如何致富的学问，这门学问像其他所有自然法则一样精确。它告诉人们：获取财富的过程也有章法可循，一个人只有按照这些既定的法则去追求财富，才会成为富人。这个过程就像一加一等于二一样确定。

当然，这并不是说宇宙间的财富会均等地分配给世间的所有人，其分配标准是一个人对“既定法则”的执行程度。不论你是有意为之还是偶然如此，只有你行事的准则与“既定法则”相吻合，才能获得财富；而违背这一准则的人，即使天资聪颖、做事勤奋，也会为贫困所扰。

宇宙间存在足够的可以转化为财富的资源，这些资源一刻不停地按照自然规律运动着。但它们不能自行转化为金钱，还需要人类活动的参与。你不能指望一块岩石会自行脱离山体，还分离出银矿并变成银币滚落到你的口袋中。当人的思想与活动作用于自然中的资源时，就能创造出财富，财富的产生和丰富离不开人的主观参与。

所以，即使致富的过程存在可以遵循的方法，但不等于说致富是命中注定的。任何一个成功的人，都不会站在原地等财富从天而降，而是会在尊重自然法则的基础上主动追求财富。

有人说，摩根的手掌上有条成功线，所以他才能成为美国银行界的巨子，但摩根先生从不相信这样的鬼话。

他说：“这10多年间，我细细观察过自己的亲戚、朋友和职员的手掌，有这样一条‘成功线’的人，不少于2000位，但他们最后的境遇大都不太好。假如说有‘成功线’的人就能成功，为什么他们又都是例外呢？根据我的观察，在这2000多个有‘成功线’而不能获得成功的人中，有500多人是懒汉，他们懒惰得什么事也不肯动手；还有300多人可能文化水平太差，也许连A、B、C也无法正确读出来；大概至少有600多人想奋发图强，做一点大事，但因为他们的人事关系处理得不好，或者他们本身根本没有任何专业技能，或者因为他们在事业起步时遭受挫折而放弃了，这样，他们的事业也就失败了，并一生都在失败中度过。总之，手掌上有‘成功线’的人未必会取得成功，根源在于他们本身的缺陷，而不是什么冥冥中的主宰！”

所以，纵使每个人都有成为富人的机会，你也不能只是静候财富的垂青。如果你不能遵照既定法则行事，不能通过意志与行动争取财富，不能走上正确的创业道路，那么你便会被这条可以让任何人致富的法则抛弃。

在大多数人的想象中，富裕都是难以企及的，但致富果真如我们想象的那样困难吗？

在英国剑桥大学，很多曾经在剑桥求学的人经常到学校的茶厅举行聚会，他们其中包括诺贝尔奖的获得者、政坛风云人物、杰出的经济学家、腰缠万贯的大亨等，都是非常有影响力的成功人士。他们举办聚会时，也常常邀请学校里在读的学生参加。

1965 年，一位韩国留学生在剑桥攻读心理学时常去旁听这样的茶餐会。他发现这些人幽默风趣，举重若轻，把自己获得的名誉和财富都看作顺理成章的事情。他们并不像自己在国内时所见到的那些成功人士一样，为了让正在创业的人知难而退，普遍夸大自己创业的艰辛。

他心中一动，觉得很有必要对韩国成功人士的心态进行深入研究。1970 年，他把《成功不像你想象的那么难》作为毕业论文，提交给了现代经济心理学的创始人威尔·布雷登教授。布雷登教授读后，大加赞赏，并写信给他的剑桥校友——当时坐在韩国政坛第一把交椅上的朴正熙。他在信中说：“我不敢说这部著作对你有多大的帮助，但我敢肯定它比你的任何一个政令都能产生震动。”

这位韩国青年不仅用理论论证了成功的获得并不像人们

所认为的那样困难，同时将自己的理论付诸行动。后来，他成了韩国泛亚汽车公司的总裁。

这位韩国留学生想要告诉人们的是：在做任何事之前，不要因为畏惧而不敢迈出脚步，只有你对某一事业感兴趣，长久地坚持下去才会成功，因为上帝赋予你的时间和智慧够你圆满完成它。

虽然很多渴望一夜暴富的人最终都失败而归，但这不能说明富裕难以企及，而是因为他们采取的方法不对，他们心存侥幸，渴望用最少的努力换取最多的财富，于是参加各种各样的赌博，比如赌球、买彩票、玩股票……但是天上不会掉馅饼。即使偶尔掉一次，也不会落在这些人的头上。排行榜上的那些富人，没有一个是靠买彩票排上去的，也没有一个是靠投机富甲天下的。

一切事情的开头总是充满困难，无论是潜心于学业，还是苦苦经营事业，努力后才会有所斩获。财富也是如此，它有诸多存在形式，并不仅仅是生长在高山之巅的雪莲，还可能是脚底的一粒细沙。财富的获得并没有那么难，也没有那么遥远，只要你按照致富的既定法则，遵守那些可以创造财富的定律，就能获得财富，因为没有比脚更远的路，任何事情都可以依靠一步一步的努力而实现。

目　录

第一篇

思路决定财路——要想富口袋，先要富脑袋

第一章　掌握规则，善用创富定律积累财富

洞悉马太效应，用钱来帮你赚钱

20世纪60年代，知名社会学家莫顿首次将普遍存在的“贫者越贫、富者越富”的现象归纳为“马太效应”。任何个体、群体或地区，一旦在某一方面（如金钱、名誉、地位等）获得成功和进步，产生积累优势，就有更多机会取得更大的成功和进步。而这种优势该如何积累呢?

以钱赚钱首先得有钱，当我们刚走上社会时，一切皆从零开始。为了进一步深造、累积财富潜力，甚至是为了自己未来创业当老板，需要一笔可观的资金。而这笔钱通常都是靠着我们省吃俭用、开源节流而来的。因此，如果我们没有原始资金的话，就需要一方面靠着兼职方式，尽量提高每个月的固定收入；另一方面则运用现金流量表、家庭日记账等简单工具，切实降低生活费用，以求在最短时间内，累积一笔可帮我们以钱赚钱的初始资金。

有些刚踏入社会的新人太过心急，一毕业就从事期货、股票等高风险的投资活动，甚至不惜向父母、亲友借贷大笔资金，这是很危险的行为。在经验不足的情况下，一旦血本无归，就得比别人再多奋斗

好几年，更可能因此而丧失冲劲，可以说是损失惨重。

等到你手边的钱超过10万元以后，你大概也已经开始进入以钱赚钱的第二个阶段。此时你已在社会上工作四五年以上，日常生活费用只占你薪水的1/3左右，于是，你银行存折上的数字愈来愈多。随着时光的流逝，以及阅历的累积，你将有越来越多的投资机会，而可供你借贷的地方也会愈来愈多，自然你会有愈来愈多的机会可以用钱赚钱。

此时，投资证券市场，当然是以钱赚钱，从而实现马太效应的最优选择，当然对于如何投资获利也有很大学问。由于大部分的人既不是酷爱刺激的冒险家，也不是极端的保守主义者，虽然手中拥有一张股票时不会担心得睡不着觉，但股票多了，晚上还是会辗转难眠。因此，只有多找几个篮子，把鸡蛋分开来放。有句时髦话，就是学会安排属于自己的投资组合。

这一个阶段的投资理财策略，可从第一阶段的多看不做，提升为多看少做，尤其尽量不要从事孤注一掷式的搏命投资；就算扩张信用，借钱投资，至少也要控制在薪水足以支付每月利息支出的额度之内。因为来日方长，历史总会重演，一旦时机成熟，本身资金也累积到一定数目，自然会达到以钱赚钱的最高境界。

当你组建了自己的家庭后，便进入了以钱赚钱的第三个阶段。在这个阶段，首先你必须开始规划一辈子的现金流量，如果经过一番精打细算之后，发现自己会入不敷出、晚景凄凉，那么开源节流、兼职打工的行动还是不可免。如果你发现自己收入颇丰，支出不大，未来会颇有积蓄，那么不妨以一部分资金大胆地从事“以钱滚钱”的金钱游戏，因此，所谓的投资组合式，可以在这一阶段发挥得淋漓尽致。在你的投资组合中，你可以把资金分成两部分，一部分仍放在定存、活存、基金及债券中；这部分每年会有固定的利息收入，除了债券之外，本金并无亏损的风险，且兑现的速度快，可供不时之需。第二部分，你不妨把资金放在股票、黄金、共同基金，甚至高风险、高报酬的外汇及期货投资上。

但不管做什么投资，你都必须有血本无归的心理准备，而且就算血本无归，必须不会影响你的基本日常生活开支，否则就犯了投资过度、风险过高的兵家大忌。

如何以钱赚钱，实现财富中的马太效应，是人生能不能获得滚滚财富的大问题，要想实现马太效应，成为富人中的富人，只有一个途径，就是以钱赚钱。

巧用杠杆，让财富中的滑轮效应成为现实

公元前287年，阿基米得（前287—前212）出生在地中海的西西里岛的叙拉古城，父亲是位天文学家，在父亲的影响下，阿基米得从小热爱学习，善于思考，喜欢辩论。长大后漂洋过海到埃及的亚历山大求学。他向当时著名的科学家欧几里得的学生柯农学习哲学、数学、天文学、物理学等知识，最后博古通今，掌握了丰富的希腊文化遗产。阿基米得一生的功绩莫过于他的“滑轮效应”。

有一回，阿基米得对叙拉古的国王说：“如果给我一个立足的地方，我将移动地球！”国王一听感到非常吃惊，心想阿基米得是不是病了，胆敢夸这么大的海口，于是跟他说：“好啊，那你给我表演一下吧，刚好那边有一艘大船，随便你用什么工具和机械，只许你一个人，把这艘船推下水吧！”

阿基米得叫工匠在船的前后左右安装了一套设计精巧的滑轮和杠杆。并让国王拉动一根绳索，只见船慢慢地动起来，最终移到了海里。岸上的群众见此情景欢呼雀跃。国王为此十分钦佩阿基米得的才识，并当众宣布：“从现在起，我要求大家，无论阿基米得说什么，都要相

信他!”

在故事中，阿基米得利用的就是滑轮效应。他通过设计了一套杠杆滑轮系统，推动了大船。滑轮效应告诉我们，利用身边的一些“工具”，我们可以完成原本无法想象的难题。

那么，我们在商业中又该如何利用杠杆来获取更大的财富，让滑轮效应成为现实呢？几个世纪以来，商人一直在做这方面的尝试，他们试图运用杠杆产生更大的生产力和更多的利润，使自己更聪明而不是更辛苦地工作，花更少的时间来赚更多的钱。

经过实践，他们发现雇用员工是其中最优的方式，现在几乎所有的大型企业——从福特汽车到索尼公司都由一个创业者开始，他们都是通过员工来“杠杆”他的时间和智能。

福特虽然很有才华，但是仅凭他一人的力量，顶多一年只能造一辆车，收入顶多也就十几到几十万元，但是通过教员工复制他的系统，从而“杠杆”了他的时间和智慧。利用人这一杠杆的力量，比如工人、工程技术人员，他每年造出数以千计的汽车，并且他利用人——销售员，使他生产的汽车能够销往世界各地。这样，福特就成为历史上曾经最富有的人。

我们可以再来看一看：一个汽车销售员迈克是如何运用“杠杆”来使他的时间成倍地“增长”的。

作为一名汽车销售的资深人士，迈克从事这一工作已经将近20年了。20年来，他每年平均可卖60辆汽车。由于每天能向顾客展示的汽车十分有限，不管迈克多么努力，他每周也只能卖出一辆汽车。经过仔细考虑，迈克决定开一家小公司。

公司成立之后，迈克共招募了40名顶尖的汽车销售员，他们每人每年都可以卖出60辆汽车。这意味着迈克的公司每年的汽车销售量为2400辆。

现在，我们来看看杠杆对迈克的作用。凭他一个人的力量，迈克每年可以卖60辆汽车，通过公司这一杠杆，迈克卖了2400辆，效率是以前的40倍，也就意味着迈克拥有着相当于以前的40倍的时间，这就是“事半功倍”的含义。

由此可见，雇用员工是商业中的最好杠杆，通过“杠杆”员工的时间和智慧，我们就可以获取更多的金钱。当一个典型的工人用时间来换金钱时，他的收入只会以线性方程增长，即一个单位的时间相当于一个单位的金钱，老板们则会通过他的雇员来“杠杆”自己的时间和精力。他并没有单凭自己的努力来挣钱，而是赚每一个雇员创造价值中的一定比例，这也是美国石油大王保罗·盖蒂所表达的意思：“我宁愿赚100个人的1%，而不去赚自己的100%。”

可见，真正的财富创造由于有一个称为“杠杆”的概念的介入，避开了“时间换金钱”的陷阱。创造真正财富的唯一方式是“杠杆”——你的时间、金钱和精力，因此，要想获取更多的财富，你必须懂得巧妙借助“杠杆”的力量，借用别人的时间和智慧为己工作，从而让财富中的滑轮效应成功实现。

善用长尾理论，无物不赚，无时不赚

Rhapsody是一个记录音乐商，他将每个月的统计数据记录下来，并绘制成图，结果发现该公司和其他任何唱片店一样，都有相同的符合“幂指数”形式的需求曲线——一条由左上陡降至右下的倾斜曲线。左边的短头部分，表示对排行榜前列的曲目有巨大的需求；右边的长尾部分，表示的是不太流行的曲目。短头代表传统的大规模生产，长尾代表新兴的小批量定制。最有趣的事情是深入挖掘排名在4万名以后的歌曲，而这个数字正是普通唱片店的流动库存量（最终会被销售出去的唱片的数量）。

尽管沃尔玛的那些排名 4000 名以后的唱片的销量几乎为零，但在网络上，这部分需求都源源不断。不仅位于排行榜前 10 万的每个曲目每个月都至少会点播一次，而且前 20 万、30 万、40 万的曲子也是这样。只要 Rhapsody 在他的歌曲库中增加了曲子，就会有听众点播这些新歌曲，尽管每个月只有少数几个人点播了它们，而且分布在世界上不同的国家。只要符合一个条件，让经营 40 万首曲子的成本，与经营 4 万首曲子的成本相差无几，那么把得自 4 万首曲子以外的利润加总起来，就会赢得一个世界。这就是这两年风靡全球的长尾理论。

简单说，所谓长尾理论，是指当商品存储流通展示的场地和渠道足够宽广，商品生产成本急剧下降以至于个人都可以进行生产，并且商品的销售成本急剧降低时，几乎以前类似需求极低的产品，只要有人卖，就会有人买，商家抓住了这个长尾，便可以无物不赚，无所不赚。

Google 是一个最典型的“长尾”公司，其成长历程就是把广告商和出版商的“长尾”商业化的过程。

数以百万计的小企业和个人，此前他们从未打过广告，或从没大规模地打过广告。他们小得让广告商不屑，甚至连他们自己都不曾想过可以打广告。但 Google 的广告联盟（AdSense）把广告这一门槛降下来了：广告不再高不可攀，它是自助的，价廉的，谁都可以做的；另一方面，对成千上万的博客站点和小规模的商业网站来说，在自己的站点放上广告已成举手之劳。

Google 目前有一半的生意来自这些小网站而不是搜索结果中放置的广告。数以百万计的中小企业代表了一个巨大的长尾广告市场。这条长尾能有多长，恐怕谁也无法预知。

Google 的市值已达到 800 亿美元，超过时代华纳 20 亿美元，成为世界第一媒体公司。这就是互联网的力量。这就是长尾的魅力。

经济领域一直存在着一个传统的经营模式——二八法则，一直备受各商家的推崇，搞定 20% 的高端人群就能够为企业带来 80% 的利润，毕竟是一件事半功倍的事，长尾法则的出现无疑是对二八法则的一种挑战，但是，二者不矛盾，因为在当前的经济条件下，“长尾”的适用范围主要集中于互联网和数字化经济，长尾理论的经典案例，无论是Google还是亚马逊（Amazon. com，简称亚马逊，美国一家网络电子商务公司），其产品都有一个共同的特点，就是初始固定投入高，边际成本递减，比如，虽然3G网络的建设固定投入巨大，但每新增一个用户的成本，并不需要新的基础设施投入，并且可以平摊原有投资成本，用户越多，相对成本越低。

但与网络产品相对应的实体经济做不到，例如，沃尔玛必须将同一光盘卖到10万张才能平摊管理费用获取利润，具有这样销量的光盘连1%都不到。那么想购买韦恩喷泉乐队、水晶方式最新专辑或其他非主流音乐的6万多消费者又该怎么办呢？他们只能去别的地方买；或放弃寻找，抹平个性，只消费和大众一模一样的东西。

交易成本和维持成本的降低使互联网上存在着一个长长的尾巴，而这条长长的尾巴是可以有效开发的；这些不那么热销的东西积少成多，会产生非常高的价值，也会占据很高的市场份额。交易的费用不断降低，使“做买卖”的门槛不断降低，于是，供给会呈现越来越明显的多样性，只要你稍微花点时间，任何个性化的需求都可能找到供给。这让“长长的尾巴”有更多存在的价值。“长尾”意味着人人都可以做小生意，也意味着能使小生意得以聚集的市场是桩大生意。利用“长尾”，进军互联网，你可以无物不赚，无所不赚。

关注关键少数，发挥二八法则的创富魔力

二八法则又叫80:20定律。

1897年，意大利经济学家帕雷托在他所从事的经济学研究中偶然注意到19世纪英国人的财富和收益模式。

在调查取样中，他不仅发现大部分的财富都流向了少数人手里。同时发现两件他认为非常重要的事情。其一是：某一个族群占总人口数的百分比和该族群所享有的总收入或财富之间，有一种微妙的不平衡关系。

但帕雷托真正感兴趣的是另一发现，那就是这种不平衡的模式会重复出现，他在不同时期或不同国度都见到过这种现象。不论是早期的英国，还是其他国家，他都发现这相同的模式一再出现，而且在数学上呈现出一种稳定的关系。

通过研究，帕雷托归纳出这样一个结论，即如果20%的人享有80%的财富，那么就可以预测，10%的人拥有约65%的财富，而50%的财富是由5%的人所拥有。在这里，重要的不是百分比，而是一项事实：财富在人口的分配中是不平衡的。因此，二八法则成了这种不平衡关系的简称，不管结果是不是恰好为80:20。

推理而知，一个小的原因、投入和努力，通常可以产生大的结果、产出或酬劳。因此，对所有实际的目标，我们4/5的努力也就是大部分付出的努力，只与成果有一点点的关系。所以，二八法则指出，在原因和结果、投入和产出、努力和报酬之间，原本就存在一种不平衡关系。二八法则提供给这种不平衡现象一个非常好的衡量标准，即80%的产出，来自于20%的投入；80%的结果，归结于20%的原因；80%的成绩，归功于20%的努力。

二八法则是商场的一条重要法则，它揭示了财富背后的玄机，凡是认真对待二八法则的人都会从中得到有用的认识，有时甚至因而改变命运，擅长用二八法则去思考的人往往更容易致富。

如果你发现自己至今一事无成，但希望将来能够有所作为，这时不妨学习一下二八法则，将“办事抓关键”作为一种日常习惯，集中精力于大事。歌德说过这样一句话：不可以让重要的事被细枝末节左右，找出那20%，做最重要、最有价值的事。那么，如何找出最重要的20%？

把你做的事情划分为4种类别，你就会知道最重要的20%是什么？

1．紧急且很重要

例如，老板要你在明天早上10点钟以前提出一份报告。因为它紧急而重要，要比其他每一件事都优先。如果拖延是造成紧急的原因，则现在已经不能再拖延了。这些是必须立刻要做好的工作。

2．紧急但不重要

这一类是表面上看起来极需要立刻采取行动的事情。但是如果客观地检视，我们就会把它们列入次优先里面去。

例如，有一位朋友约你去吃饭，都是些好长时间未见面的好朋友。你或许会认为这是一个次优先的事情，但是有一个人站在你面前，等着你回答，你就会接受他的请求。因为你想不出一个婉言谢绝的办法。但其实这类事情是可以放到次优先里面去的。

3．繁忙

很多工作只有一点价值，既不紧急也不重要，而我们常常在做更重要的事情之前先做它们，因为它们会分你的心——它们给你一种有事做和有成就的感觉，也就无意中浪费了我们的精力。

例如，一位经理在一个星期六早晨到他的办公室去，要做某一件他一直拖延没有做的事情。他决定先把他桌上的东西整理一下，整理好了以后，他想，既然整理了桌子上的东西，也整理一下抽屉好了。他把一个早上的时间用在重新整理抽屉和档案上面。但他没有做自己原来要完成的事情。

4．浪费时间

例如，如果我们看完电视之后觉得很愉快，那么看电视的时间就用得不错。但是如果事后我们觉得用来看电视的时间不如看一本好书。那么看电视的时间就可归在“浪费”一类。

牢记风和木桶定律，以“活”制胜

商场上流行着一个风和木桶定律，说的是风和木桶虽然“风马牛不相及”，但通过下面的推理，可以建立联系。

①风吹云卷，尘土飞扬；

②得眼病的人增多，盲人也随之增多；

③盲人增多，则弹三弦琴的人也会增多（古代许多盲人以弹三弦琴谋生）；

④三弦琴很畅销，必须有充分的猫皮供应；

⑤猫的数量因而锐减；

⑥猫一减少，老鼠便增加；

⑦老鼠一多，会咬坏洗澡的木桶，必须找师傅补；

⑧修补桶的师傅因不断上门的生意而赚大钱。

上面风和木桶的联系推理虽然有些夸张，但它的核心——运用发散思维，以活制胜，在商场上都是屡试不爽。

假如你是卖豆子的商贩，豆子卖得动，直接赚钱当然最好。如果豆子滞销的话怎么办？首先，可以考虑将豆子沤成豆瓣卖；假如豆瓣也卖不动，那就将豆瓣腌了成豆豉；如果豆豉还是卖不动，就将豆豉加水发酵，制作成豆酱油，从而改卖豆酱油。其次，可以将豆子磨成豆腐卖，如果豆腐不小心做硬了，改卖豆腐干；如果豆腐不小心做稀了，改卖豆腐花；如果实在太稀了，就改卖豆浆；豆腐如果卖不动，搁点盐巴、调料什么的，放上几天，变成臭豆腐卖；如果还卖不动，让它长毛彻底腐烂后，改卖豆腐乳。最后，可以让豆子发芽成豆芽，改卖豆芽；如果豆芽卖不动，让它再长大点，改卖豆苗；如果豆苗还是卖不动，干脆再让它长大些，当作盆栽卖。而且，为了卖得好，给它取一个很时尚的名字：豆蔻年华。

简单的点子，居然可以折腾出这么多销售方式，这就是发散思维催生的奇效，要想成功，必须运用发散思维不断地变换解决问题的角度，思考解决问题的最新方法。针对同一个问题，沿着不同的方向去思考，在思考中，不墨守成规，不拘泥于传统，不受已有知识束缚，没有固定范围的局限，这样才能探求出不同的、特异的解决问题的方法。

然而发散思维非天生，它来源于平日对事物的观察，对信息的留心，并有意培养自己发散性的思维方式。发散思维训练要注意提高思维的流畅力、变通力和灵活性。

思维的流畅力是指一定时间内产生观念的多少。一个人对某一问题产生反应性的概念和构想很多，说明其思维具有流畅力。思维的变通力是指产生观念的不同类别属性。不同的类别越多，变通力就越高。牢记风和木桶定律，运用发散思维，那致富的道路就有如“猪笼下水——路路通”。

第二章　筹谋制胜，好思路化为大财富

做别人想不到的生意

有许多人想干一番大的事业，但总是强调没有资金或其他必备的条件。实际上，只要思路开阔，能够想别人想不到的主意，世间万物均可赚钱。

人人讨厌的苍蝇，在浙江奉化市的一位女孩眼中，却如美丽的“天使”。她天天“与蝇共舞”，不仅养起了苍蝇，还养出了名堂，淘到了“金子”。

这个女孩叫汪日露，汪日露的父亲从事水产品养殖已经数十年，鱼、虾、蟹的发病是养殖户的不定时炸弹。汪父说，为提高产量就得给鱼、虾增加蛋白质，偶尔他也会喂些黄鳝、鸡蛋等，但成本太高。在饲养中，他们发现把蝇蛆喂给鱼虾或者鸡鸭吃，动物会纷纷抢食，说明蝇蛆很对这些动物的胃口。

能不能工厂化养蛆呢？一直苦于没有良方的父女俩，在2000年12月的某一天，偶然间在报纸上看到一则报道说，南开大学的杜荣蹇教授已发明了人工养蛆的技术，父女俩看到消息后如获至宝：蝇蛆既含高蛋白能够提高产量，又有自然抗生素抵御病害，真是一举两得。

第二天，父女俩就联系上南开的杜荣蹇教授，经过诚恳的谈判，杜教授考察后同意把技术传授给汪日露。

2001 年 5 月，汪日露和父亲投入全部的积蓄，办起了家蝇养殖场。两个月后，工厂化养殖家蝇试验成功，蝇蛆的日产达到了 200 公斤，比原计划提高了 50% 。

养蛆初具规模后，他们投入资金 60 万元，购买了 1500 只仙居小鸡，用蝇蛆养鸡。109 天后，她养的鸡开始陆续产蛋，与常规养殖相比，产蛋期提前 30 天，产蛋率高出 10% 。

为创名牌，汪日露给鸡起名为“辰凤牌生物鸡”，给鸡蛋取名为“宠龙牌生物鸡蛋”。经农业部食品监督测试中心检验，生物鸡蛋品质一流。在宁波市第二届名特优农副产品展销会上，生物鸡蛋被抢购一空。第一年下来，蛋鸡就为她盈利二三十万元。她的“蝇蛆饲养生物鸡蛋”技术已经向国家专利局申请到了专利，生物鸡蛋供不应求。

连丑陋的苍蝇都可以变成金子，你说这世上还有什么是不能赚钱的？对于人人见惯的空气，一位日本商人将田野、山谷和草地的清新空气，用现代技术储制成“空气罐头”，然后向久居闹市、饱受空气污染的市民出售。购买者打开空气罐头，靠近鼻孔，香气扑面，沁人肺腑，商人因此获得了高额利润；对于水声，美国商人费涅克周游世界，用立体声录音机录下了千百条小溪流、小瀑布和小河的“潺潺水声”，然后高价出售。不要以为好的点子只存在于这些人身上，其实，我们人人都是一个多面手，有人比较过，一个家庭主妇想出好点子的机会，要比一个中等公司的经理多得多，因此，不要以“外行”来窒息能为我们带来财富的新点子。

其实，也不是每一个“新点子”都能转化为财富，若要它变成一个“金点子”，需要经历以下 5 个阶段：

1．萌芽阶段

你想解决一个什么问题，或想做一件什么事；这些最初的观念将导致新思想（点子）的创造。

2. 准备阶段

包括调查研究，收集必要的资料，向别人请教或交换意见，以便自己尚处于萌芽状态的新点子渐渐成形。

3. 酝酿阶段

酝酿阶段的最初观念和准备阶段的处于萌芽状态的观念均属“潜意识”，这个阶段就是要让你的潜意识活动起来，逐渐变为显意识。

4. 成熟阶段

“十月怀胎，一朝分娩”“柳暗花明又一村”“脑子一下子就亮起来”，原来杂乱无章的思想突然变得有条有理，新点子变得清晰了、明朗了。

5. 检验阶段

你的新思想可能很高明，但也可能是“馊点子”。因此，你既需要理智的判断，又需要虚心地征求别人的意见，尽可能地修正它，完善它，再付诸实践中去。

用开阔的思路在万物中寻找商机，你会发现赚钱其实真的很简单。

学会以退为进，在绝境处逢生

某地的一所学校，每年都要举行一次智力竞赛，大部分学生都报名参加，竞争非常激烈。这一年，一年一度的智力竞赛又拉开了序幕，全校的学生都参加了。终于，百里挑一，全校选出了8名最聪明的学生，他们8人有幸进入了决赛，大家都等着看哪一位能获得第一名。

相关的组织者把这8名学生带到一栋楼前指着8间教室，又指指大门，说：“我现在把你们分别关在8间教室，门外有人把守。我看你们谁有办法，只说一句话，说出充分的理由让门外的警卫心服口服地把你放出去。不过有两个条件：一、不准硬闯出门；二、即便放出来，也不能让警卫跟着你。”

8 名学生被分别关进 8 间教室后，他们待在各自的教室里，思考着用什么样的一句话，就能让警卫放自己走出教室。然而，两个小时过去了，还是没有一个人发出声响。正在别的同学翘首以盼的时候，有个学生很惭愧地低声对警卫说：“警卫叔叔，这场比赛太难了，我不想参加这场竞赛了，我认输了，请您让我出去吧。”警卫听了，打开了教室门，让他走了出来。看着这个临阵退缩的小家伙走出了教室，警卫惋惜地摇摇头。

然而，比赛结果公布，就是这个声称自己认输自愿退出的学生当之无愧地获得了智力冠军的称号。

故事中的主人公正是运用了以退为进的谋略，在高手如云的残酷竞争中脱颖而出，在富人们的致富生活中，也有很多类似的故事。

朱灿是一个下岗工人，凭着做鸡柳的手艺，开了一家“好美味”小吃店。由于没有名气，档次又低，再加上周围饭店众多，因此生意十分惨淡。朱灿看在眼里，更是急在心中。

一次，由于朱灿一时大意放错调料，使得鸡柳味道大变，一位顾客刚将鸡柳吃入口中，就破口大骂：“呸，呸，这是什么好美味，明明是‘怪难吃’”。朱灿连忙赔礼道歉，客人却得理不饶人：“好美味是假，怪难吃才是真。”

然而，事情还没完，那位客人第二天居然用毛笔在他的店门上写了“怪难吃”3 个大字，大家本以为朱灿会马上擦去，谁知他居然将这 3 个字一直留着并将店名换成了“怪难吃”。

说来也怪，自从店门上有了“怪难吃”的“招牌”后，朱灿的顾客竟一天比一天多起来，原来有很多顾客都是冲着“怪难吃”这名号而来的，因为他们都想知道“怪难吃”到底是什么滋味，到底难不难吃？吃过后，就对他的鸡柳着了迷。朱灿得知这情况后，干脆将店名

“好美味”换成了“怪难吃”。自那以后，他那小店门口常常排起一条长龙，大家都想一吃为快，“怪难吃”的香酥鸡柳从此名震当地。

其实，在竞争中超越所有的竞争对手，最大限度地占有市场，始终是商人的不懈追求，然而采用何种策略才能在保全自己的情况下击败对手，以退为进无疑是一条妙计。

退一步则海阔天空，富人们正是在这种原则的指导下，以退为进，走向财富的巅峰。

善于明势，精于造势

做生意，首先是明势，所谓势者，就是事物的发展趋向。做过期货的人都知道，要想赚钱关键是要做对方向，这个方向就是势。比方说，大势向空，你偏做多；或者大势利多，你偏做空，你不赔钱谁赔钱！

势有大小之分。大者，国家政局的变化，世界格局的重组等；小者，市场的需求，自身的优势等。对一个商人来说，大到国家领导人的更迭，小到一个乡镇芝麻小官的去留，都会对自己有影响。在政策方面，国家鼓励发展什么，限制发展什么，对经商赚钱更是有直接的关系。做对了方向，顺着国家鼓励的方向努力，事半功倍，比如俞敏洪的成功，就是赶上全国性的英语热和出国潮这种“势”。做反了方向，比如说，某行国家正准备制定政策进行限制、淘汰，你偏赶在这时昏头昏脑地撞了进去，那真叫“天堂有路你不走，地狱无门你偏行”，一定会鸡飞蛋打。

善于明势的人，总能因势利导地寻找赚钱之道，总能抢得先机，这样的人，你会指望他一辈子都是穷人吗？

湖北一偏远的乡村，一青年在山上采石，他并不像其他村民那样，把石块砸成石子运到路边，卖给附近的建房人，而是把石头运到码头，卖给杭州的花鸟商人。因为他们这儿的石头总是奇形怪状，他认为卖重量不如卖造型。3 年后，他成为村里第一个盖起瓦房的人。

后来，村里不许开山采石，只许种树，于是家家户户种起了梨树。每到秋天，漫山遍野的鸭梨招来八方商客。村民把堆积如山的梨子成筐成筐地运往北京和上海，然后发往韩国、日本，因为这儿的梨汁浓肉脆，味道甜美。

村里人从此过上了小康日子。那位曾把石头卖给花鸟商人的青年却卖掉果树，开始种柳树。因为他发现，来这儿的客人不怕找不到好梨，只愁买不到盛梨子的筐。5 年后，他成了第一个在城里买房的乡下人。

就在一些村民开始集资办厂的时候，还是那个青年，在他的地头儿砌了一堵三米高、百米长的墙。这堵墙面向铁路，两旁是一望无际的万亩梨园。坐车经过这儿的人，在欣赏盛开的梨花时，会突然看到 4 个大字：可口可乐。主人凭着这堵墙，走出了小村，因为他每年有 4 万元的广告收入。

20 世纪 90 年代末，日本一家公司的亚洲区代表来华考察，经过这个山村时听说了这个青年的故事，当即下车寻找这个人。

找到他的时候，他正在自己店的门口跟对面的店主吵架。他的店里一套西装标价 800 元，而同样的西装对门标价 750 元；他标 750 元时，对门就标 700 元。一个月下来，他仅卖出 8 套，而对面的店铺卖出了 800 套。得知这个情况后，日本公司的代表非常失望，认为被讲故事的人骗了。

不过日本人不死心，亲自询问了一下他。

片刻后，日本人立即决定出年薪 100 万聘请他。因为，对面那个店也是他开的。

善明势，精造势，你的生意便定会顺风顺水，特别是刚刚涉足商场，明势、造势更为重要，这就要求我们用“向前看”的眼光，突破陈旧僵化的观点，用面向未来、见微知变的思维方式来解读当今日新月异的时代。

有效整合资源，组合出奇迹

这是一个坊间广为流传的故事：在一次盛大的国际宴会上，中国人、俄国人、法国人、德国人、意大利人争相夸耀自己的民族文化传统，只有美国人沉思不语。为了使自己的表述更加形象、具有说服力，大家纷纷拿出了具有民族特色，能够体现民族悠久历史的文物——酒来碰杯相敬。

中国人拿出古色古香的茅台，打开瓶盖，香气袭人，四座皆惊，众人为之称道。俄国人拿出伏特加，法国人拿出大香槟，意大利人拿出葡萄酒，德国人拿出威士忌，轮到美国人时，只见他把各种酒兑在一起，随之举杯相敬，说：“这叫鸡尾酒，它体现了美国国家的精神——组合就是创造。”

这则意味深远的故事，告诉我们在竞争中角逐，你大可将现有的各种资源拿来为我所用，将它们有效整合，然后静观奇迹的诞生，在竞争中轻松取胜。

其实，富人们都懂得如何利用现有的一切资源为我所用，我们要想跨越穷人的围墙，跻身富人之列，也需从身边的资源出发，将它们有效整合，当你真正开始尝试这样去做时，你就会发现，由组合所生的奇迹，你也可以拥有。

究竟有哪些资源我们可以整合呢？

1. 别人的金钱

一位亿万富翁就曾说过这样的话："你不必等到有钱了再去挣钱，只要你拥有人们想要的，你就能拿这些东西去付账。如果你出预付折扣，就能用现金得到你所需。很快，它刚好成为变戏法的现金。"

很多人错误地认为，手头上有大把现金才能解决问题。"如果我中了六合彩，那什么事情都解决了。"事实不是这样。

毫无疑问，手里有钱，干什么事情都会容易一点。但是我们的解释是："如果你没有钱就赚不到钱，那么你有钱也赚不到钱。"富人们都是善于整合别人的金钱的人。

2. 别人的经验

如果每一件事都需要自己学习，那么可能你一辈子也学不完，所以我们应学会利用别人的经验，为自己服务。

3. 别人的主意

当马克希望成为一个职业演说家的时候，他参加了1974年的美国全国演说家协会会议。在一次听了协会的联合创始人卡弗特·罗伯特讲述如何创作多作者图书后，马克就在一个月内应用了这个主意。他与基思·德格林一起创作了《站起来，说出来，战胜对手》。他们聘用了14位联合经销商，每人投资2000美元获得1000册书。这是马克的第一次零现金投资。他利用了别人的主意，当年自己就赚取了20万美元。真正的富人懂得从别人的主意中挖金。

4. 别人的时间

大多数人会以相对较便宜的价格出售自己的时间、才能、关系资源和技能。而富人们懂得如何才能更好地利用才华出众的人士来为自己节省时间。

5. 别人的工作

大多数人希望有工作。他们想要的是保险，而不是机会。因此富人们就懂得聘用他人来从事他自己不想做或者没有能力做的工作，通过整合这些人的能力以使自己不断壮大。

精通“老二哲学”：后发先至，蓄势出奇兵

在经商中，有时为了保存实力，要学会“韬光养晦”，将自己的才华隐藏起来，见机而动。它可以使自己在没有能力与对方正面竞争的情况下，暂时保存自己的实力，然后养精蓄锐，等待时机，出奇制胜。

在商海竞争的过程中，实力雄厚、强劲的一方总是很傲很狂，自以为“老子天下第一”，面对这种情况时，千万不可在他们面前露出你的实力或者潜力，而只有千方百计地“装聋作哑”，作出胸无大志、俯首听命的模样，使其欲与己竞争一番的弦慢慢放松下来，麻痹其思想，最终才能抓住机会克敌制胜。

这其实就是被商界中人广为传颂的“老二哲学”。

所谓“老二哲学”就是不做第一，不做第三，而只是紧紧跟在排名首位的后面做老二，先隐藏不动，储谋蓄势，瞄准机会再冲刺第一。或许是暂时不愿做“出头鸟”，或许是想挂在后面搭个便车，但最终是没有一家会甘居第二的，老二也只是个过渡。

经商者在经商之初，要学会做“老二”，抢先者未必就一定能够抢占到市场，不要以为第一个推向市场的创新产品或经营模式，就具备了绝对的竞争优势，便能成为未来市场的领导者，事实证明，最早进入新市场并不一定是最后的赢家。

其中最典型的例子就是万燕最先做录像带播放机（VCD）生意，但后来钱都让步步高、爱多它们赚去了。当年万燕花了大把的钱，告诉消费者：VCD是好东西。直到市场培育好了，大家都知道VCD是个好东西时，步步高、爱多出手了：建树自己的品牌，完善自己的营销网络，再把价格降下去，成功了！而为他人作嫁衣的万燕呢？在不知

不觉中就销声匿迹了。

所谓螳螂捕蝉，黄雀在后。甘当老二、能当老二就是做黄雀。好多商人对此颇有感触。他们辛勤开拓市场，到销售额一旦见好的时候，又生后顾之忧。为什么？因为这个时间，必然有其他财大气粗之辈跟上，既是后发制人，更以实力制人。某些经商大户对风险较大或无暇顾及的生意，先按兵不动，让其他小商人去开发，等到有利可图时，再迅速开发并取而代之。黄雀之于螳螂式的后发制人，虽有点胜之不武，但作为市场竞争中的一种手段，没有违背商业道德，这就告诫我们，如果在市场中你的实力并不那么雄厚，那还是甘当老二。

需要指出的是，实施“老二哲学”时，信息一定要灵，动作一定要快。

一个商人，在经商过程中能够先发制人当然无可厚非，而“步人后尘”者也不应视为落伍者，特别是对于事业刚刚起步的商人来说，他们在开发新产品中，由于受到资金、技术、市场诸多因素的制约，新产品开发步履维艰，很难尽快形成规模，产生效益。解决问题的最好的办法就是紧跟领跑者。如果不管自身的实际能力，也拼命地往前冲，不仅新产品开发没有形成气候，投入市场后难免存在这样那样的缺点，结果犹如自掘坟墓，使自己处于困境。

大生意要靠炒作

这是一个炒作的时代，炒名人、炒影视、炒书籍、炒楼盘、炒股票、炒古董、炒汽车、炒足球……给人的感觉是天下万物就像炒花生、炒瓜子那样，莫不能“炒”。

关于股票上市有这么一种说法：第一，要有一个好题材；第二，要编织一个美丽的故事；第三，要娓娓动听地给股民讲述，让股民把口袋里的钱掏出来装进企业的口袋。股民买股票不是买现在，而是买期望、买未来。所以，要有好题材，要编出来好故事，以及娓娓动听地向股民讲，从而让人家从口袋里掏出钱来给你，这实际上也是炒作。

脑白金广告是大家都熟悉的，而它的炒作能力更是让人叫绝。

很多人认为脑白金广告不但制作粗糙，表情庸俗，几个小丑式的卡通人物以夸张的表情，反复唱“送礼还送脑白金”，让人感觉没完没了。用语太过直白，既没有诗情画意，也没有文化内涵，画面既不美轮美奂，也没有气壮山河的冲击力；至于情节，几乎谈不上，就是扯着嗓子干喊。其手段之拙劣、声音之枯燥乏味让人忍无可忍。在某刊物评出的最恶俗烦人的广告中，脑白金广告高居首位。

然而，犹如臭豆腐闻着臭吃着香的悖论一样，脑白金卖得特别好，广告“滥”但产品能卖得好，为什么？

尽管当电视机里一响起麻雀闹窝似的“今年过节不收礼，收礼还收脑白金”时，人们大多就条件反射式地调转节目频道，可当人们走进商品琳琅满目的大商场，迷茫于给亲戚朋友送什么礼时，同样条件反射地想起了这几乎把所有人脑袋撑破的广告词。送礼，不送脑白金送什么呢？

这是一个传媒能使人发财的年代，媒体能够利用鸡毛蒜皮的琐事制造出成千上万个明星，自然能制造出无数的明星企业和企业家。所以，聪明的人应该紧跟时代的步伐，制造出一些热点事件、热点人物，创造新奇概念，挖掘和提炼新闻，继而引起媒体的注意，进行炒作，吸引人们的注意力，从而大赚其钱。

但是，炒作也有注意事项，弄不好会产生负面效果。具体需要注意的有以下几点：

（1）炒作要善于制造场面，并尽可能地把场面做大，取得轰动效应，才能达到理想效果。

（2）炒作要精心策划，密而不疏，环环相扣，浑然一体。

(3) 炒作要讲究尺度，不能过于离谱，否则消费者明白自己受到愚弄之后，你将面临被抛弃的危机。

关注特殊群体的需求

生活中每一个群体，相对于别的群体来说都是特殊的群体，都有一些特殊的需要。如果能“用特殊产品去满足特殊的需要”，那么将眼光或追逐财富的落点放在特殊需求上，为特殊人群提供特殊服务，必定会成为你一个赚钱的思路，可爱的胖女孩朵朵就是靠开了家胖人服装店而大发其财。

对于一般女孩来说，逛商场天生就是一种享受，但是，对于朵朵，因为身材太胖，逛商场成了一种痛苦的经历。看着那么多漂亮的衣服，穿在别人身上婀娜多姿、自己却怎么也套不上，真是一件难堪的事情。更为恼火的是，逛遍了整个商场，压根就找不到自己能穿的衣服。最令人气愤的是每当自己进入一家时尚服装店的时候，总会引起周围一大批奇怪的眼光，好像这服装店不是她可以过来逛的，这让朵朵很尴尬，自尊心受到很大的伤害。有一天，当又一次在逛街中遭受“伤害”的时候，朵朵突发奇想，如果能开一家专门给胖人逛的商店，不但有她们合适的衣装，而且能让她们在里面找回逛商场的快感，找回她们的自尊，一定会受到极大的欢迎。

说干就干，朵朵租下一家铺面，四处购买适合胖女孩穿的衣服，然后就开张了，事实正如朵朵所料，由于她的小店迎合了胖女孩这个特殊群体的特殊需求，生意出奇的好。

一个胖女孩走进一家胖女孩衣服专卖店的感觉和走进一家普通店是不同的。同样，一个盲人走上盲道的感觉和走在普通马路上是不同的，他的心中肯定会充满对社会关怀的感激；一个左撇子见到或听说有专门为他提供各种生活用品的商店，一定会专门慕名而去，同时更会热心地把它介绍给每一个有这样特殊需求的人。这种商店吸引顾客的，不仅是它们有价的商品，更因为它们有无价的人文关怀。

价值取决于需求，“关注特殊顾客做生意”是一个不错的赚钱方法，诚然，有许多的特殊需要已被别人考虑到了，但特殊需要是时刻都在产生和变化着的，因此，只要你眼光独到，总能找到赚钱的捷径。

如何在特殊需要上赚钱呢？

（1）必须具有特殊的眼光。因为只有特殊的眼光才能发现某些特殊的需要。比如，城里人和农村人需要的东西有很多是不一样的。另外，在一个大群体中，又有小群体的特殊需要，比如，北方农民和南方农民需要的很多农具是不一样的。对于这些，都需要我们用特殊的眼光去发现。

（2）要有胆量，敢想敢干。毕竟用这一方法具有开创性，带有一定的风险。对于那些畏首畏尾者一般是不敢尝试的。

（3）看准了就马上去做。如果一味地张望，只会让别人捷足先登，白白错失良机。

盯紧女人，就会有“钱途”

俗话说：男人是个耙耙，女人是个匣匣。又说：男人生在世上是为了大把大把地挣钱；女人活着则是为了大把大把地花钱。实际上就是说：女人掌握世界上花钱的权利。那么，女人理所当然地成了生意人的目标。

女人是市场消费者的主体，这句话不用印证也会得到大多数人的认同。你只要在商场里驻足一个小时便会发现，在镜子面前试来试去不厌其烦的都是女人。喜欢逛街和买东西是女人的天性。

女人享乐的同时，既喜欢把自己保养得青春焕发，又喜欢把自己打扮得漂漂亮亮。女人这样做其实不光是为了自己，更重要的是给别人看的，尤其是给男人看，满足虚荣的同时，女人知道这样才能迷住男人。但同时，女人很会算账，知道用男人赚来的钱打扮收拾自己既美观又经济实惠。

于是，针对女人的高级消费品应运而生——五光十色的珠宝、项链、戒指、别针、坤表成为使女人高贵的抢手装饰品，高级化妆品、高级礼服、高级休闲服甚至高级轿车，都为女人而生产。这些永远不会饱和的产品为目光远大的生意人赚取了巨额利润。

男人是这个世界的中心，女人又是男人的中心，谁围绕中心的中心做文章，想不赚钱都难。

牢记“盯紧女人”的法则，让阿克斯赚得盆满钵满。

阿克斯在伦敦开了一家百货店，地理位置相当好，每天来往的人也很多，可是阿克斯的生意一直不好。开业两三年了，店里总是冷冷清清的。经过长时间的观察，阿克斯终于发现了问题所在：原来平时光顾公司的人以女性居多，差不多占到80%，偶尔有男人来商店，也大多是陪妻子购物，很少单独买东西。阿克斯于是果断地决定将自己的百货商店的营销对象限定在女性身上。

这次，他把所有的营业面积全部用上，全部摆上女性用品。不过，精明的阿克斯这次想出了高招：把正常的营业时间一分为二，白天他摆设家庭主妇感兴趣的衣料、内裤、实用衣着、手工艺品、厨房用品等实用类商品。晚上则改变成一家时髦用品商店，将朝气蓬勃的气息带到商店，以便迎合那些年轻的女性。这样，大部分最有消费实力的女人被他的经营方针给覆盖了。

尤其是针对年轻时髦的女孩子们，阿克斯可以说是费尽了心机，光是女孩子们喜欢的袜子就陈列许多种，内衣、迷你裙、迷你用品、香水等都选年轻人喜欢的样式和花样进货。凡是年轻女性喜欢的、需要的，能够引起她们购买欲望的商品，他都尽量满足，并把它们摆在柜台显眼的位置上。他甚至对别人自吹，“在这里，女孩子喜欢的东西，我是应有尽有啦。”

阿克斯还从国外进口了流行样式的内衣，并对其进行巧妙的宣传：“本店有世界最风行的新款女士内衣，包您穿了青春靓丽。”没过多久，阿克斯商店有世界上最流行的内衣的消息不胫而走，许多女性真的如风一般地赶来，争相购买。阿克斯的商店成了女性常来光顾的地方，不久，其分销点就已经达到100多家，狠狠地赚了女人一笔钱。

第三章　有效合作，在双赢中轻松赚钱

先予后取谋远利

取予之道是一条被无数经营者运用过的成功策略，我们知道，取和予是同一事物的两个方面，在商际关系中处理好取和予的关系，定会取得长远的利益。

商界巨贾胡雪岩就是因为先予后取而获取了不少远利。胡雪岩创业的第一步是设立阜康钱庄。尽管钱庄有王有龄的背后支持及各同行的友情“堆庄”，然而，如何才能在广大储户中打开局面呢？胡雪岩想出了一个“放长线钓大鱼”的妙计。

胡雪岩把总管刘庆生找来，令他马上替自己立16个存折，每个折子存银20两，一共320两，挂在自己的账上。刘庆生虽不明白胡雪岩为什么急着让开这么多存折，但因是东家吩咐的，就去办理了。

待刘庆生把16个存折的手续办好，送过来之后，胡雪岩才细说出其中的奥妙。原来那些按他吩咐立的存折，都是给抚台和藩台的眷属们立的户头，并替他们垫付了底金，再把折子送过去，当然就好往来了。

“太太、小姐们的私房钱，当然不太多，算不上什么生意，”胡雪岩说，“但是我们给她们免费开了户头，垫付了底金，再把折子送过去，她们肯定很高兴，她们的碎嘴就会四处相传，这样，和她们往来的达官贵人岂不知晓？别人对阜康的手面就另眼相看了。咱们阜康钱庄的名声岂不就打出去了？到头来还会没生意做吗？”

刘庆生心领神会地点了点头，心中暗自佩服胡雪岩做生意的手法。刘庆生把那些存折送出去没几天，果然，就有几个大户头前来开户。钱庄的同行对阜康钱庄能在短短的几日内就把他们多年结识的大客户拉走颇为惊讶，不知所以然。

胡雪岩不只把目光盯着太太、小姐们等上层人物，他还注意吸收下层社会的积蓄。他没有忽略社会底层这个重要的顾客群体。他知道，下层社会中，虽然每一个人的积蓄不多，但是积少成多，小河也能汇成汪洋大海。更重要的是，下层社会中有些人虽然地位不高，很不起眼，但是由于他们所处的特殊位置，往往在事情的进展中能起到意想不到的作用。这一点被胡雪岩善加利用。

在那些存折中，胡雪岩就特地为巡抚衙门的门卫刘二爷准备了一份。胡雪岩经常出入衙门，跟刘二爷也算是老相识了，而今钱庄开业，他送给刘二爷一张存折，一则算是送给老朋友一份薄礼，二则刘二爷是个守门人，从他眼皮底下来往的有名有姓、有头有面的人物不少，刘二爷的信息十分灵通，以后或许会在某个方面得到刘二爷的帮助。

后来，胡雪岩真的由于一个极其偶然的机会，从刘二爷那里得来了一个非常重要的信息，即朝廷所发的官票。因此，胡雪岩又掌握了一次先机，大大地发了一笔财。这次成功实在应该得益于他当初“舍”给刘二爷的一笔小财。

在寻常人看来，胡雪岩在经营中的一些做法实在是一些“亏本生意”。但胡雪岩的高明在于，他能看到长远的利益，因此不惜牺牲眼前的小利，而他的投资，往往都得到了很好的回报。

先予后取是多少富人曾经或正在运用的一条经商策略，但是，他们以“予”也不是没有目的、没有原则的予，这种予是需要人有高人一筹的眼法，看到“予”后的“利”，且这种“利”往往要大于现在的“予”，也即“舍小利趋大利，放长线钓大鱼”。只有这种“取予”，才能赢得别人得不到的利益。

合作协调，联结财路

说起合作、协调，相信没有一个人会感到陌生。在2005年央视春节晚会上，中国残疾人艺术团21名聋哑演员向世人展示了一个《千手观音》。那一刻，千手观音让人们震撼了。这群来自无声世界的聋人，静穆纯净的眼神，娴静端庄的气质，纤长柔媚的手，金碧辉煌的色彩，脱俗超凡的乐曲……美得令人窒息，炫得让人陶醉。光与影，梦与手绽放出层层叠叠的佛光普照、博爱四射的神圣之美。无声天使的舞姿，令现实中的一切污秽顿失。那是一种美与文化的结合，那美来自内心与凡世的安宁，来自灵魂和精神的升腾。21个演员用整齐划一的舞蹈表达着心灵的语言，给关爱她们的人们传送新春的祝福。《千手观音》最终以近70%的支持率成为当年“春节晚会”最受欢迎的节目。这就是合作与协调的力量。

艺术领域如此，商场更是如此，聪明的商人都懂得运用合作与协调来为自己的事业添金加银。

犹太商人的成功就是得益于他们具有同舟共济、团结互助的合作观念。自中世纪以来，各地的犹太商人都能以为自己的同胞提供帮助感到自豪，把援助别人视为自己的义务与责任。在这一点上，温州人很类似犹太人，温州人的骨子里面就有那种“生意合伙做，有钱大家赚”的商业意识。

服装界的“大哥大”杨瑶曾经说：“自己不缺钱，但为什么要和别人合作呢？因为合作的同时不仅能充分发挥一加一大于二的资源优势，更重要的是同时将先进的经验、优秀的人才、科学的管理、超前的意识等诸多现代化企业必须具备的竞争条件通通一网打尽。”

合作、协调是联结财路的关键。“旨在谋求更大发展的人，表现出热切的寻求合作的欲望。”一个人或者一个集体，他们的能力往往是被限制在一定范围内的，突破这种限制的唯一方法就是，与他人进行合作，使自己的能力范围得到延伸，也使自己的财路得以扩展。

和气才能生财

蒙牛集团的牛根生曾说：“财散则人聚，财聚则人散。”孟子讲“天时不如地利，地利不如人和”。讲的都是只有人和，才能生财。

蔡万霖生于 1924 年，台湾苗栗人。幼年家贫，务农为生。8 岁随兄离家创业，终成为“台湾霖园关系企业集团”总裁兼“国泰人寿保险”等数家公司的董事长。因其经营有方，被誉为“聚财之神”。他以 56 亿美元的资产，列居世界十大富豪的第八名，成为世界级富有的华人。

重视“人和”，乃蔡万霖经营中的最大特点，司马迁认为成功的商人不但要有才，更要有德。他说：“才者，德之资；德者，才之神。”蔡万霖的成功充分证明了这一点。他是一位极富才能的商人，更是一位有德的商人，虽身为总裁、董事长，却不居高临下傲视群小，而是谦恭礼貌平等待人，以身作则平易近人，在企业中培养形成了和气团结、助人为乐、言行诚实的工作作风。特别是他的既注重股东权益又提高员工福利待遇的较为公平合理的劳资分配制度，极大地调动了所有员工的积极性，不仅成就了别人，更是让他自己获取了耀人的财富。

“和气生财”不仅是蔡万霖的致富法则，更是所有富人的致富宝典，从商之道，和为上；为人之道，和为贵；义利相生，取和为上，凡是得天时地利人和者方可谋势作局，此乃经商古训。

当然，和气生财也是要讲究一定的方法，如果没有法则，势必变得十分混乱。和气生财的3条法则是：

法则一：把自己的创意或建议变成对方的，这亦称为钓鱼法。即把你的创意或建议变成钓饵，对方会自然而然地上钩。比如说，你想让对方接受你的意见，以“你这样想过吗?”的说法，要比“我是这样想的”更能打动对方，“试一试看看如何?”的说法比“我们非这样做不可”更能获得对方赞同。这就是让对方觉得你的意思就是他的本意，他的自尊得到接纳，那么他也会比较容易采纳你的建议。

法则二：让对方说出你的意见。“面子”不单是东方人的问题，西方人也很讲究，所以提意见要注意这个问题。如果你的意见毫不讲究地给对方提出，出于“面子”问题，对方往往会本能地反应不予接纳。相反，你采用和顺婉转的方式提出，对方的“面子”堤围可能会自然开闸。如果你以冷静而温和的方式提出你的意见，然后说“虽作如是想，但可能有许多不当之处，不知你对这方面考虑的意见怎样”。这么一说，对方可能会完全接纳你的意见。

法则三：以征求意见代替主张。根据心理学家的反复调查研究结果，一个人向对方表达同样的意见，如果以正面而断然的方法说出，较容易激起对方的逆反感情；如果以询问的方式向对方提供主张的话，对方会以为是自己的意思，就会不自觉地欣然接受。

要懂得用利益打动对方

“我们没有永远的朋友，也没有永远的敌人，只有永远的利益”，这是第二次世界大战时期英国首相丘吉尔留下的名言。

富人们认为，生意双方在立场上争执不休难以达到目的，因为不同立场给双方制造隔阂。要想使生意成功，双方必须着眼于利益之上——因为利益才是谈判双方的共同点。

找出自己和对方的共同利益，若无利可图，谁也不会和你谈判、和你合作。生意的本质就是公平地互相妥协，看到这一点，生意场上才能进退自如。

所以，要打动对方，首先要考虑能够给对方什么，你得了解对方要什么？然后考虑自己能否给对方这些东西，简而言之，打动对方的方法是：首先考虑自己获利，然后考虑在自己获利的范围内给对方什么好处。

不给好处对方不予合作，你也无法获利。给的好处小了对方劲头不高，合作的可能性小，合作程度也小，你获利也就少。只有你给对方最大限度的好处，对方才能全力以赴。对双方来说，也才能取得最大的利益。

只能调和双方利益而不可能调和双方立场，这种方法行之有效，其原因有二：其一，任何一种利益，满足的方式有多种；其二，谈生意双方的共同性利益往往大于冲突性利益。

我们往往因为对方与我们的立场对立，就认为对方与我们存在利益上的冲突：如果我们防止对方侵犯利益，对方就一定想来侵犯；如果我们想降低房租，对方就想提高房租。但在许多谈判中，只要深入审视潜藏的利益，就可以发现，双方的共同性利益要比冲突性利益多得多。

所以，着眼于双方的共同利益比着眼于分歧更易问题的解决，谈判中若想尽早达成对双方都有利的协议，就要懂得用利益打动对方。

怎样更好地协调双方的利益呢?

（1）拟订一些你本身可以接受的选择方案，然后征询对方偏好哪一项。你希望知道的只是对方偏好哪一项，不必知道对方可接受哪一项。然后你细分对方偏好的那项选择方案，将之分为两种以上的不同方式，再请对方选择。如果要用一句话来概括如何“契合”的话，那就是：寻找对方损失有限而对你大为有利的方案；反之亦然。在利益上、次序上、信念上、预测上，以及对风险抱持的态度上有差异，正是双方可以“契合”之处。

（2）把双方的注意力都放在谈判的内容上。现在你正在设法寻找可以改变对方抉择的各种选择方案，以便对方作出令你满意的决定。你要给对方的不是问题而是答案，不是困难的决定而是容易的决定。在这一阶段，你务必把注意力放在决定的内容上。

义利双行

“义利之辩”是儒家思想中的一个重要命题。

《论语·子罕》说：“（孔）子罕言利与命与仁。”《孟子·梁惠王上》也说：“王何必曰利，亦有仁义而已矣。”儒家先哲勇于言义而羞于言利。但是作为商人，其经营的最终目的：不外乎一个“利”字，与“义”似乎无缘。如何调和这里的矛盾呢？聪明的富人们打出了“以义为利、利缘义取”的旗号，并把它作为自己经营道德中的一个重要内容。他们认为，“钱”就好比是“泉”，如果“因义用财”，不仅是流而不竭，而且能广开财源，收到赚大利、发大财之效。在商场中，以义为利、利缘义取的现象非常普遍。

据《休宁碎事》记载，休宁县有一位商人刘淮，曾在嘉兴、湖州等地购囤粮食，某年当地遇灾荒，有人为刘淮庆幸，劝他“乘时获利”，狠狠赚上一笔银两。刘淮却说：“如此做法，怎比得上让这里的百姓度过灾年，重新复苏呢？这才是大利啊！”结果，刘淮将囤积的粮食全部“减价以贸”，同时命人煮粥免费提供给饥民。刘淮减价出售粮食，从经营角度来看，虽然放弃了暴利的机会，但自然还是有利可图的，不过，刘淮这种利益的获得，又与其“义举”联系在一起。

这是徽商“利缘义取”“义中取利”的典型一例。又据光绪《婺源县志》卷三十四《人物·义行》记载，婺源县庆源乡有一位因家贫而“弃儒服贾”的商人詹元甲，在外出经商时结交了当地太守陈其崧。其年当地大灾，严重缺粮，太守陈其崧出府库银20余万两，委托詹元甲去外地采办粮食。既至，旅店主人告诉他：“此地买米，例有抽息（回扣），自数百两至千万两，息之数视金之数。今君挟巨资，可得数千金。此故例，无伤廉。”詹元甲毫不心动，说：“今饥鸿载途，嗷嗷待哺，予取一钱，彼即少一勺，瘠人肥己，吾不忍为。”在詹元甲看来，采办粮食，为的是解救饥民，因此“抽息”实属不义之财。“利”既非由“义”中所取，则与经营道德相违背。所以，尽管唾手可得数千金，詹元甲最终还是“宁可失利，不可失义”，拒绝了金钱的诱惑。

奉承义利双行理念的富人们，不仅在经营中坚持“以义取利，为义让利”，就是在合作伙伴之间，他们也是既保持平等竞争，又保持相互支持与关照。特别是生意上有关系的合作伙伴，他们会竭力维护，哪怕明明知道与对方做生意不赚钱，也不会分道扬镳、中途绝交。万一对方倒闭了，自己的债务收不回来，他们也就听之任之，只当是交了学费。

民国初年，双盛公财东杨老五欠了复盛全6万两银子，因为无法偿还，杨老五只是给复盛全的老板磕了一个头，就算了事；还有大顺公绒毛店欠复盛全1000块大洋，只是还了一把斧头加一个箩筐，这样就两清了。

类似例子数不胜数，这种“为义让利”的宽阔胸怀，足以让现代好多商人无地自容。

创业者要遵守最起码的商业道德，本着“君子爱财，取之有道”的游戏规则，这样才能实现利益的增长和企业的壮大。而且在成功之后，应该有“取之于社会，用之于社会”的雅量、胸襟和社会责任感。

俗话说：“信义通商”“义招天下利”说的就是义和利之间的辩证关系，在经商中以仁经商，义中取利，对待合作伙伴为义让利，生意自然没有不兴隆的道理。

与强者建立互利的伙伴关系

西方有句古谚说：“狮子和老虎结了亲，满山的猴子都精神。”这句话的意思是说：与强者建立互利的伙伴关系会产生焕然一新的新景象。

在商务实践中，这句谚语同样适用，面对强者，最聪明的做法莫过于变对手为援手，由原来的敌对变成共赢。

温州的立峰集团就是其中的一个具有说服力的例子。

在温州，立峰集团一开始只是一个生产摩托车闸把座的小厂，老板张峰因开发出防腐性能超过日本标准并填补国内空白的摩托车闸把座，而得以在摩托车制造行业中占得一席之地。当这一产品成为日本进口件的替代品，得到了国内市场的认同之后，张峰争取到了中国最大的摩托车生产企业——中国嘉陵集团的合作合同。其后，张峰凭借自己建立起来的良好信誉，寻求与嘉陵集团更深层次的合作。1992 年，双方达成协议，共同出资建立瑞安嘉陵立峰摩托车配件有限公司，该公司的注册资金为 600 万元，由嘉陵集团投资 180 万元，占总股本的 30%，公司专为嘉陵集团生产摩托车闸总成零部件。

自从与中国摩托界的老大合作后，立峰集团产值在 3 年时间内翻了一番，规模与效益扩大了 10 倍。在此基础上，张峰又提出将配件生产扩大为整件生产，从而利用了嘉陵集团的技术优势与品牌优势，开发出各种类型的嘉陵立峰摩托车。这些摩托车主要用于出口。通过这种合作关系，"嘉陵"和"立峰"双方都获得了利润。在"嘉陵"方面，得以降低了生产成本，取得了合乎质量要求的配件和整车；而在"立峰"方面，除了获得利润，还获得了先进的生产技术和品牌知名度，企业的壮大发展也上了快车道。它不仅拥有了摩托车整车的生产技术和经验，而且拥有了产品进入市场所不可或缺的资金和先声夺人的声势，还拥有了摩托车销售的既成渠道，可谓"一石三鸟"。至一切条件都已成熟，由立峰公司独立开发生产的大排量、高档次的重型摩托车"大地摩王"面世了，并迅速通过了技术鉴定，获得了摩托车生产许可证。从一家生产摩托车零件的小工厂发展成为摩托市场中的一个巨头，这其中不能说没有嘉陵的功劳。

正是与强者嘉陵建立了互利的伙伴关系，才有立峰的今天。

我们生活在这个社会上，难免要和其他人合作，合作是成功的土壤，是人类生存的必备条件，而与何种人建立这种合作的伙伴关系：是强者，还是弱者？聪明的商人，当然会毫不犹豫地选择与强者建立互利的伙伴关系。

当然，与强者建立伙伴关系并不是一件容易的事，需要你找准与他们的利益交会点，若无利可图，谁也不会和你合作。生意的本质就是在公平的基础上达到互惠互利。

随着社会的发展，每一个个体都将与其他个体建立互惠关系，这样整个社会经济才会大步迈进，而人均财富的差距也将开始慢慢缩小。

违背市场发展规律和不适合市场发展环境的人都将被市场淘汰。任何竞争中都不会有输家，唯一的输家将是退出竞争的人。在互惠关系确立之后，所有的个体都是赢家，互相受益。

而与强者建立互利的伙伴关系，正是这种市场互惠关系的一种。无论市场发展到何时，必须承认，相对强大和相对弱小始终是存在的，弱者要保持自身，不为强者所吞食，就必须与强者建立各取所需的互惠关系。

第二篇

创富有迹可循——汲取中国式富人的财富经验

第四章　善用借势，便可无往不胜

借机生财，沙中也能淘出金

光绪二十六年（1900年），发生了庚子事变，首先是义和拳运动风起云涌，其次是慈禧光绪仓皇西逃，最后是八国联军占据京师。京师遭受到严重的挫折，特别是经过八国联军的炮轰火烧，大部分建筑倒塌毁损，修补重建势在必行。

许多人对此麻木不仁，高钰却从中发现了经营的良机，当时京城的淘沙业备受冷落，因为淘沙费工费时，所获也有限。看好这一时机的高钰却认为这是一个有魅力的市场，因为随着局势的稳定，百业待兴，百屋重造，沙子的需求量会越来越大。潜在需求量这么大，而当时有兴趣投资经营的大企业几乎没有，于是高钰当机立断，派人到欧洲用重金定购现代化的淘沙机船。这些船每20分钟就可以从海底挖泥沙2000吨，并自动卸入船舱中。后来高钰拥有先进的控泥船20多艘，独家生意，利市百倍。

高钰的成功，就在于他很好地借助了由时机所带来的商机，从而在沙里也淘出大量的金钱。

美国著名小说家艾略特曾经说：“生命巨流中的黄金时刻稍纵即

逝，除了沙砾之外我们别无所见，天使来探访，我们却当面不识，失之交臂。”说的就是把握时机的重要性，以及时机在眼前都不懂得如何借助的遗憾。值得注意的是，借机生财往往需要胆大心细，下面几点注意事项一定要看到：

（1）时机要用眼光去搜寻。“机会有时会自己走来，但大多数是要我们去找的。”美国第一建设公司32岁的副经理，路易先生曾经这么说。时机存在于那个时段，对每个人都一样，但有的人能一眼盯住，有的人却视而不见，区别就在于一个在不停地用眼光在搜寻，另一个却永远处于无意识状态。

（2）借助时机不等于投机。有些人是投机分子，他们以别人为踏脚石而爬上高枝。他们企图损人而利己。这类一意孤行、反抗社会的人是享受不到工作乐趣的：不顾一切地积极侵略，正暴露了他们日渐衰微的自我尊重。

（3）研究未来趋势和发展。机运永远等待着那些在工作中领先别人一步的人。多读有关贸易和工商业的杂志和报纸，了解本行本业的新发展。前面说的高钰之所以可借机生财，不就在于他深刻了解未来淘沙业的大发展吗？

善借名人，传达品牌精神

在德国一个偏僻的小镇上，拥有一家世界上最大的体育用品公司——阿迪达斯公司。这个小镇人口不足2万，这家公司却有4万名员工，分布在全世界40个国家的子公司。阿迪达斯公司经营各种体育用品，但是传统的也最为著名的产品是足球鞋，这些球鞋在各个国家都非常受欢迎，阿迪达斯也成了足球鞋的代名词。

在初创阶段，阿迪·达斯勒兄弟俩在母亲的洗衣房里开始制鞋，他们边制边卖，销售情况良好。兄弟俩不断地在款式上创新，他们不厌其烦地根据每位顾客脚的尺寸、形状制鞋，于是每一双鞋都非常符合买者的需求。种种有利于顾客的经营方式，使他们的家庭制鞋作坊发展得又好又快，没几年就扩展成一家中型制鞋厂。

20 世纪 30 年代，在奥运会来临之前，阿迪·达斯勒兄弟发明了短跑运动员用的钉鞋。他们又派人打探参赛运动员的情况，当得知美国短跑名将欧文斯很有希望夺冠后，便无偿地将钉鞋送给欧文斯试穿。后来欧文斯果然不负众望，在比赛中获得了 4 枚金牌。于是，欧文斯穿的钉鞋也跟着一举成名，阿迪达斯鞋厂的新产品成了国内外的畅销货，阿迪达斯鞋厂也随之变成了阿迪达斯公司。

用体育明星来创牌子的办法太妙了！此后，阿迪·达斯勒兄弟俩屡屡使用这种手法。不久，阿迪·达斯勒兄弟俩又发明了可以更换鞋底的足球鞋，然后，他们把新产品无偿地送给了德国足球队。1954 年，世界杯足球赛在瑞士举行，不巧，比赛前下了一场雨，赛场上尽是泥泞，匈牙利队在场上踉踉跄跄，而穿着“阿迪达斯”的德国队健步如飞，并第一次获得世界冠军。

至此，“阿迪达斯”品牌名震海内外，成为世界制鞋业的王者。

阿迪·达斯勒兄弟俩的成功离不开其出色的营销方式。款式的创新、质量的提升是推销产品的重要保证，而依靠顶级的足球明星来做活广告，借举世瞩目的重大足球比赛为品牌做宣传，无疑比一般的广告形式更具说服力，堪称绝佳。

因此，在经商的过程中，我们应想尽一切办法借助名人效应。当然，要做到这一点，你必须首先与名人沾边，学会把名人变成朋友，把朋友变成兄弟，把兄弟变成手足。成了名人的手足，自己也就成了名人，自己成了名人，赚钱就容易多了。

有人提出异议：“这道理谁都明白，关键是怎么和名人成为朋友?”不妨听一下千金买邻的故事。

在南北朝的时候，有个叫吕僧珍的人，世代居住在广陵地区。他为人正直有智谋和胆略，因此受到人们的尊敬和爱戴，而且远近闻名。

因为吕僧珍的品德高尚，人们都愿意和他接近、交谈。季雅在吕僧珍隔壁买了一套房屋。有人问：“你买这房子花了多少钱？”

“一千一百两。”

“怎么这么贵？”

季雅说：“我是用百金买房子，用千金买高邻啊！”

可能有人会说，我没有千金买邻的实力，所以交不到名人朋友，但如有季雅千金买邻的勇气和魄力，什么样的名人朋友交不到？一旦和名人沾上边，名人效应也就“信手借来”了。

借鸡生蛋，白手也能起家

创业之初，我们难免会遇到资金不足、设备不全、技术力量单薄、原材料短缺、市场范围狭窄等困难，我们有必要与资金雄厚的人联合起来。通过与富人的结合，借助别人的财力，实现自己的梦想。

MySee总裁高燃的第一桶金来得有些传奇色彩。

2003年夏天，清华大学新闻系本科毕业的高燃在央视节目里第一次看到了江苏远东集团董事长蒋锡培，蒋锡培是一个非常朴实的人，高燃想找机会认识他。没几天，高燃就在校园里遇到了来讲课的蒋锡培。其实蒋锡培早就听说过高燃，他因为家里穷而没有上高中，且是第一个从中专直接考进清华本科的人，上过杂志。

高燃想在电子商务里发展，做了一个商业计划，给了蒋锡培。当时蒋锡培在吉林长春出席一个会议，高燃下午得知，随即站了一夜火车，第二天凌晨到了长春并双手递上计划。

蒋锡培认为这个行业有机会，同时，他看好这个年轻人。两小时以后一个口头协议达成了：蒋锡培出资1000万元占65%股份，高燃以智力出资占35%。高燃笑开了花，跳了起来。第二天回北京，找来清华自动化系的几个博士，组成了一个团队。

当年6月，蒋锡培一个电话把高燃召去江苏开董事会。要正式决策了，十几个董事、7个监事围成半个圆桌，高燃一个人坐在另一头。反对意见太多了，在20多个人当中，上了年纪的董事全部反对，专家学者身份的人也全部反对，他们断定没有赢的机会，因为计划中有着即使到了今天高燃都无法自圆其说的矛盾。只有3个人支持，蒋锡培、一个同样毕业于清华的副总裁、一个女董事，这3个人恰恰是跟高燃私下里熟识的人。还有高燃，一个人坐在桌子的一头“近乎疯狂”地反抗。

下午，董事会闭门研究，高燃回宾馆休息。他心里明白，基本没戏了。1000万元不是小数目，蒋锡培不敢一个人拍板，毕竟寡不敌众。高燃准备好“跟他各走各路”了。

晚上10点，蒋锡培把高燃带到餐厅，要了白粥和咸菜，自己一口气喝了5碗。高燃呆坐着。蒋锡培终于开口了：“高燃，你这个人一定能成就一番事业。”高燃听出了话外之音，就开始只顾喝粥，不去看这个就要拒绝自己的人。蒋锡培接着说，这个项目风险太大，我们不能同意；我个人非常喜欢这个项目，但是……后面的话高燃也没听进去，脑袋里嗡嗡响。他又一次几乎绝望了，但还是要搏一把。

“你害了我！”高燃大声说。蒋锡培显然有一点震惊。高燃不理他，只顾说：“我家里还有几个弟兄，回去怎么交代?”“当时就有很多人要投我这个项目，就因为跟你关系好，我才过来。马上就毕业了，我的团队没建起来，渠道没建起来，怎么办?”这些说辞，高燃下午在宾馆里已经想好了。

可出乎意料的是，蒋锡培最终答应给他100万元。离别的时候，蒋锡培拍着他的肩膀，说了一句这个年轻人会记下一辈子的话：“这个项目是有非常大的风险，但你这个人是没有风险的。”

直到今天，高燃都不太明白蒋锡培当时是怎么想的。

高燃的电子商务计划果然失败了，几个创业伙伴也在半年后各奔前程。2005 年 2 月，高燃遇到了当年的清华同学邓迪，两个人合并了公司，创立 MySee. com。8 个月后融进了几百万美元的风险投资。今天，高燃和邓迪管理着 100 多人的团队。蒋锡培在这个过程中追加了 100 万元，总共 200 万元的投资在今天增值了至少 10 倍。

一年半之后，蒋锡培向《中国企业家》袒露了他当年投资高燃的真实想法：

“项目即使失败对他也有很大的帮助，而 100 万元的损失对我而言并不大；但这个人终究能成功，我也终能获得回报。他能够积极主动地去把握机会，而有些人，即使面前有机会也不知道去把握。如果没有这 100 万元，他一样会成功，只是迟早而已。”

当然，富人的力量并未那么容易为我所用，要想成功地借助富人，我们至少要做到以下几点：

第一，利用三寸不烂之舌，向能为我们所用的富人们讲述我们的创意，使那些能出钱、出力的人为我们所用。

第二，我们要从为实力较强的富人从事辅助性劳动着手。按照常理，产品的技术含量越高，其经济效益就越好。但是，即使是最先进的产品，也有一些技术含量低的零部件或辅助材料，如包装纸、打包带、包装箱等。这些辅助材料，由于技术含量不高，不能带来多少利润，所以富人很乐意将它们交给外面的个人或企业干，以减少投资，这样，技术力量不强、资金不足的创业者正好可以凭此起步。

第三，建立长期业务关系。这是借助富人力量的关键。所谓借助富人，借的就是富人提供的长期业务。只要富人的大公司不倒闭，自己的小公司就不愁没有饭吃。当然，要想达到长期合作的目的，就必须讲质量、守信用。

第四，逐步提高技术含量。借助富人的最终目的是让自己更上一层楼。除扩大业务外，要逐步进行技术和设备的投资，为承担技术含量更高的工作做准备，这样才能获得更大的利润，不断壮大自己。

第五章　逆反思维，开创财富新天地

放“小”抓“大”，大目标才有大回报

富人之所以能致富，就是心中怀揣着伟大的目标。眼里只有芝麻，努力再久也得不到西瓜。只有具备鸿鹄之志，搏击长空，才能成就大业。小目标只换来小利润，大目标才能得到大回报。拥有财富梦想的人绝不会将自己困在普普通通的小事上，他们眼里只有最好、最高、最强。郭台铭就是一例。

郭台铭，中国台湾首富，1974 成立鸿海塑料企业有限公司，2001 位列《福布斯》“全球亿万富翁”第 198 名，同年鸿海赢利 1442 亿元台币，成为台湾民营企业龙头。

郭台铭一开始就秉承做事就做大事的信念。

位于深圳宝安区龙华的鸿海精密工业股份有限公司有员工 27 万人，相当于美国新泽西州纽瓦克市的总人口。位于该区的几十家公司包括世界著名的苹果公司、惠普电脑、摩托罗拉，此种规模世界罕见。员工餐厅每天要提供 15 万份以上的午餐，每次用接近 11 吨大米。过去的 10 年，鸿海精密公司迅猛成长。

刚到深圳的时候，郭台铭一次买下 500 亩土地用于厂房建设。这在

当时已是大手笔。那个时候，很少有台商到深圳投资，有也是规模不大的企业。那时的鸿海在台湾地区早已开创一片天地，但不安于现状，要做就做最大的郭台铭把目光投向了市场更为广阔的大陆。为了使公司的技术和设备达到国际顶尖水平，他的公司只与世界一流企业合作，戴尔、思科、诺基亚等电信巨头都是他的合作伙伴。

20 世纪 90 年代末，当很多到大陆投资的台商企业只想依靠大陆廉价劳动力、厂房及政策优惠提高公司效益时，郭台铭以重金招揽优秀人才，依靠自主创新与其他公司竞争，同时积极与国际接轨。

正是凭借只与最强的公司合作、只生产最好的产品、只追逐最高目标的信念，鸿海精密才会有如此大的发展，郭台铭的个人财富才会急剧增加。目标不同，结果就有差别。有人梦想随遇而安，目标太大觉得艰巨，目标太小又缺乏挑战，奋斗的最初就犹豫不决，财富怎会青睐他？最开始就将梦想指向苍穹的人是幸福的，宏伟的梦想是鞭策他们前进的最强大动力。小如蚂蚁的目标常常会使人感到懈怠，缺乏奋进的恒久动力。如果当年郭台铭怀有小富即安的心态，取得一点小成功就沾沾自喜，不思进取，就不会有如今的财富和庞大的鸿海企业。

美国职业篮球联赛球星乔丹被称为篮球界的“上帝”。刚开始进入联盟即备受瞩目，一个个纪录被他超越、改写，他曾经获得过 6 次总冠军，5 次常规赛最有价值球员和 6 次季后赛最有价值球员，但乔丹总在说：“我还会更好，我要成为最强的那个。”无数纪录的打破换来的是数不尽的财富——广告、电影、出书，他的年薪最高达到 3300 万美元，这就是他的价值，天空才是他的极限。

卡耐基曾说，宏大的目标才能换来巨大的回报。亿万富翁的心永不会在小目标上停留片刻。一朵花再香也无法拥有整座花园的魅力。财富不是简单的算术题，只会算一加一等于二的人不会有大的发展。一万个小目标的叠加也不会换来宏大的未来。只有向郭台铭、乔丹学习，将做大事作为不变的信念，你才会拥有非凡的未来。

发展“懒人经济”

有人说：“赚男人的钱不如赚女人的钱，赚女人的钱不如赚懒人的钱。”此话一点儿不假，在这个懒人时代，发展懒人经济，赚懒人的钱是成为富人的一条途径。

阿里巴巴总裁马云有一句名言：要相信客户都是懒人。他说：“世界上很多非常聪明并且受过高等教育的人无法成功，就是因为他们从小就受到了错误的教育，他们养成了勤劳的恶习。很多人都记得爱迪生说的那句话：天才就是99%的汗水加上1%的灵感，并且被这句话误导了一生，勤勤恳恳地奋斗，最终却碌碌无为。其实爱迪生是因为懒得想他成功的真正原因，所以就编了这句话来误导我们。

“世界上最富有的人是比尔·盖茨，他懒得读书，就退学了。他又懒得记那些复杂的DOS命令，于是，编了个图形的界面程序。于是，全世界的电脑都长着相同的脸，而他也成了世界首富。

“世界上最值钱的品牌——可口可乐，它的老板更懒，尽管中国的茶文化历史悠久，巴西的咖啡香味浓郁，但他实在太懒了：弄点糖精加上凉水，装瓶就卖。于是全世界有人的地方，大家都在喝那种像血一样的液体。

“还有更聪明的懒人：懒得爬楼，于是他们发明了电梯；懒得走路，于是他们制造出汽车、火车和飞机；懒得出去听音乐会，于是他们发明了唱片、磁带和光盘。这样的例子太多了，我都懒得再说了。如果没有这些懒人，我们现在生活在什么样的环境里，我都懒得想！

“以上所举的例子，只是想说明一个问题，这个世界实际上是靠懒人来支撑的。世界如此精彩都是拜懒人所赐。现在你应该知道你不成功的主要原因了吧！

“懒不是傻懒，如果你想少干，就要想出懒的方法。要懒出风格，懒出境界。像我从小就懒，连长肉都懒得长，这就是境界。”

马云提出他的“懒人理论”，目的是告诉员工在工作的时候需要改变方法，阿里巴巴的理念是“要相信客户都是懒人”，所以需要处处为客户着想，客户懒得做什么，阿里巴巴就需要做什么，让他们成为自己的“提款机”。

可以说，马云的“懒人理论”颠覆了我们以往的思维，他要求阿里巴巴以客户的要求为导向，不能把网络做得太复杂，要通俗易懂、方便操作，最好是让菜鸟都能玩转阿里巴巴，这是马云所希望看到的。

在现代社会，人越来越懒，做任何事情都恨不得别人替自己准备得妥妥当当。比如，不愿意动手，天天订快餐吃；不愿意走路，恨不得将汽车开进卧室；不愿意动脑，大部分的著作缩成千字文才肯一读，还说这是“快餐文化”。就连谈恋爱，也恨不得一见面就直奔主题。所以，懒人成了一大商机。

马云的成功在于抓住了人们身上普遍的弱点，进而挖掘，使之转变成赚钱的机会。马云是个懒人，也是聪明人，他捕捉到了别人没有发觉的市场，“懒”出了门道，也“懒”出了财富。懒不是真懒，绝非让人养成懒惰的恶习。马云的“懒人经济”实际上是一种思路的转变。现代社会日新月异，市场需求也呈现出多样性和独特性，“懒人群体”的出现是一种新的经济机遇，如果能从懒人的角度去思考，挖掘他们的需求，并尽量使自己的产品符合他们的要求，就能把市场做大做活。白居易诗成后每每读给老妪听，若老妪不解，便再加修改，直至做到“老少咸宜”。如果你的产品也能让懒人满意，并使他们非常享受现在的自在生活，那么你离财富就不远了。

逆流而上，危机也是机遇

不是所有的财富都在顺境中产生，在逆境中突围的人更可能一飞冲天，得到别人无法获取的财富，而这需要你有非凡的魄力、眼光和胆略。

任何一个寻求财富的人，在自己的奋斗路上都会遇到这样那样的危机。在危机面前，有的人退缩了，有的人继续前进。退缩的人，无论选择何种领域都会失败，他害怕危机，危机就会时时出现在他眼前；而那些顶风冒雨继续前行的人，会在冲破阴霾后发现，远处有一抹彩虹在等待自己。

2008 年世界金融危机爆发，西方经济濒临崩溃，汽车、股票、银行等产业遭受重大打击，汽车行业更是遭受了史无前例的打击。但是在中国，有一个人在全球同行业不约而同进入“冬眠期”的时候，他号令手下三军加足马力扩大生产，要在危机中闯出一片新的天地。此人就是中国吉利集团董事长李书福。

2008 年 11 月 6 日，在李书福的带领下，年产 10 万辆轿车的吉利远景湘潭基地正式竣工投产，“全球鹰”正式发布，新车“熊猫”高调亮相。

李书福为什么要这么做，很多人感到不理解，他有自己的见解：“一到冬天，你们就担心中国的汽车工业太弱小，可能会被冻死，你们这个观点是要遇到很多挑战的，对吉利和中国本土汽车工业来说，这次危机其实是财富和机会。因为现在遇到困难最大的是美国的三大汽车公司，它们每年几乎都要亏几百个亿。即使是奔驰这样的欧洲公司，现在也遇到很大的麻烦。而它们今天遭遇的困难，我早在 10 年前就预测到了，这是全球汽车工业格局发生变化的必然，也是产业转移的必然。中国汽车是大有可为的！我们现在说汽车出口，不是说我们在国内打不赢了就跑出去，而是这个产业转移带来的必然结果。中国汽车产业必然会发展起来，对于这点，我是有信心的。”

正是有这样深刻、独到的见解，李书福才会在世界经济一片“万马齐喑”的时候，逆流而上扩大生产。他表示：“吉利现在已经进入战略转型期，从以前的‘造最便宜的轿车’转型为‘造最安全、最环保、最节能的汽车’，吉利要用3年时间打基础，5年时间打造消费者最喜欢的汽车品牌，10年时间打造全球领先的汽车品牌。”未来几年内，吉利将发布3—5个全新子品牌。他还表示：到2015年我们的销量将达到200万辆，三分之二出口，三分之一在国内销售。他坚定地认为，欧洲汽车巨头的危机就是中国本土汽车企业的机遇。

李书福历来被誉为“狂人”：做事大胆，雷厉风行，曾涉足多种行业，不惧怕失败，往往能在局势不利的情况下扭转乾坤。李书福为什么能取得成功，这不仅归功于他的个人能力，更在于他面对困境时的态度和做法。只有勇往直前，抓住危机中的机遇，大力发展自己，想他人不敢想，为他人不敢为，才能变害为利，在他人饱受困境折磨的时候独善其身，并有更大的突破。

任何事物都有两面性，当大多数人只看到一面忽视另一面，而你能从中看到不同时，你离成功就不会太远，离财富也不会太远。试想一下，如果李书福像他人一样，在危机面前减产裁员，自己的公司或许不会受到金融危机的过大影响，却失去了一个发展壮大的机会，从而可能被其他公司赶超甚至吞并。困境对穷人是暗无天日的黑夜，而对想有更大发展的人来说，是黎明前的第一道曙光。所以，当危机来临，切莫低头后退，要迎头面对，抓住它就是抓住了财富。

以弱胜强，四两拨千斤

生意场上以“弱”胜强绝非不可能。拥有清晰的头脑和运筹帷幄的本领，就能变“不可能”为“可能”。

有句话叫“弱肉强食”，意思是弱小的总会被强大的吞噬。现实生活中弱小者也往往是失势一方，但商场有例外。很多商人就是凭着超强的商业头脑和惊人魄力以小搏大，在竞争激烈的利益博弈中占得先机，成就自己的财富梦想。

李泽楷就是其中一例。他在闯荡商场二十几年的时间里创造了一个又一个奇迹，从名不见经传的学生到香港“小超人”。媒体甚至戏言他一天赚的钱比父亲李嘉诚一辈子赚的还多。人们在感叹李泽楷非凡赚钱能力的同时，忍不住研究他辉煌的发家史，其中最值得一提的是收购香港电信。

在李泽楷的盈科数码动力并购香港电信之前，他在北京的盈科中心很少有人知晓，连出租车司机也说不出具体位置。并购完成后，盈科和李泽楷成了人们口口相传的传奇。

2000 年，李泽楷宣布竞购香港电信之前并不被人看好，资历尚浅，资金缺乏。那时候盈科成立才几个月，还没有挣到过钱，据媒体报道 1999 年盈科亏损 3970 万港元。与香港电信相比是实实在在的“小蚂蚁”。而香港电信的地位相当于内地的中国电信，它的大股东是英资公司大东电报局，大东是一家跨国公司，员工超过 4 万人，在全球 70 多个国家和地区有自己的业务。一段时间以来香港电信的赢利相当稳定，总股本 119.6 亿，被香港人誉为“一只能下蛋的金鸡”。

但表面的繁华掩盖不了内在的空虚。在资本市场里，香港电信的发展前景已不容乐观，短时间的赢利无法使它的远景市场得到活跃，而且面临其他公司的强有力竞争。区区几百万香港人，几大公司“分而食之”，结果可想而知。因为大环境的原因，英国大股东去意已决，寻找接手公司的事情就提上日程。最开始英国方面接洽的是新加坡电信，但遭到港人和媒体的一致反对，他们不愿让一个外国国有企业控制自己的通信业，各方争执不下，香港电信一时无人接手。

李泽楷就是在这个时候宣布想要收购的，香港人非常高兴。没有钱，李泽楷就着手向银行贷款，中国银行、汇丰银行、巴黎国民银行，以及巴克莱银行4家银行共贷给盈科130亿美元，综合自己原有资金，李泽楷收购香港电信共花费380亿美元。“小鱼吃大鱼”，制造了当年最大的兼并案。盈科也一跃成为全球超强企业，李泽楷的个人资产直线上升。

有分析认为李泽楷决定兼并香港电信除了看中它具备的高科技元素，还看上了电信本身的人才。随着收购的完成，一批顶尖技术人员来到盈科，他们的到来使盈科如虎添翼，成为亚洲最大的互联网企业指日可待。

这就是李泽楷的创富路，以小搏大，四两拨千斤。一个成功的商人要有魄力和敢与一切争锋的精神。不能因为暂时弱小而放弃继续拼搏的信念，勇争第一要成为不变的追求。如果当初李泽楷因为自己的“小”而放弃竞购的机会，他就不会取得今天辉煌的成绩，也脱不掉“靠李嘉诚发达”的帽子。但是“以小搏大”不是莽撞，要懂得运用商业头脑，一味蛮干无异于自取灭亡。只有深刻认清自己的实际能力及准确无误地分清时局后，才能上演“小蚂蚁”扳倒“大象”的好戏。优秀的商人往往是出色的智谋家，商场争夺不比战场冲锋容易多少，只有充分调动自己的智慧，才能将看似遥远的财富拉到自己身边。

练就“火眼金睛”，挖出冷门背后的“真金”

在会赚钱的人眼里，永远没有“冷门”“热门”之分，只有把它看“热”还是看“冷”之分。三百六十行，行行出状元。三百六十行里并非行行都是“热门”，但是在眼睛“毒”的人眼里，再“冷”的行业也能淘出“真金”。

在富人看来遍地是黄金，只要你练就一双善于发现商机的“火眼金睛”。富人在大街上一站，用鼻子闻一闻，就能嗅出哪儿有赚钱的机会。这当然是夸张。不过，他们的眼睛无论盯着什么，都能从中发现商机，赚到白花花的银子。

有些人做生意总挑热门、焦点，觉得只有这样才能挖到黄金。毋庸置疑，能够引起大多数人的关注，本身就说明了它的吸引力和无限商机。但是真正有能力会赚钱的人会“避热就冷”，在“冷门”里创富，挖别人挖不到的金子，出奇才能制胜。

许爱东就是这样一个从“冷门”里挖出黄金的人。她曾经是银行职员，现在是经营1400家竹炭商店的老板。

靠竹炭致富还要从她一次生病说起。几年前，许爱东的风湿病犯了，最严重的时候连胳膊都抬不起来。一个朋友送给她一床竹炭床垫和几个炭包，说能治好她的病。用了之后，病果然好了。

许爱东对竹炭产生了浓厚的兴趣，敏锐地感觉到这是个巨大商机。她到朋友所在城市考察后发现，竹炭货源充足，却没有一家专卖竹炭的商店，全国也是如此。这更坚定了许爱东做竹炭生意的信心。她的想法却遭到了家人的反对：这是十足的冷门，全国都没人做，你为什么要蹚浑水？因为看准了商机，所以许爱东还是下决心做下去。2002

年3月全国第一家名为“卖炭翁”的竹炭专营店在杭州开业。

刚开始生意惨淡，顾客虽然觉得新鲜，但看的多买的少。一段时间后，许爱东有些支撑不住了，但依然看好竹炭市场前景，她决定改变思路，重选店址。之后她就在杭州著名的商业文化街河坊街租了房。不幸的是，“非典”恰好来临，又是一片萧条。许爱东又面临朋友的质疑和家人的阻挠。她还是坚持了下来。果不其然，在抵抗住“非典”的肆虐后，营业的第一天收入就超过3000元，比以前一个月的收入还多。这更坚定了许爱东继续做下去的决心。

随着竹炭生意越来越好，她已不满足于在家乡开店，许爱东要把自己的竹炭事业发展到全国。2003年8月，她在湖南开设分店。3个月后，她在全国已有100家分店。2004年，她又开办了竹炭加工厂，扩大产品深加工和一体化作业。现在她的事业已遍布全国，一个曾经无人知晓的冷门，被她做成了大生意。

冷门生意最好做也最赚钱。只要有市场，就有赚钱的机遇。冷门之所以被定义为冷，是很多人先入为主：别人说它冷，我也觉得冷，很多赚钱的机遇就这样悄悄溜走。如果许爱东当初也像其他人一样对竹炭熟视无睹，面对家人的阻止没有继续坚持而是选择放弃，就不会有现在的成绩和发展。她可能依然是一名普通的银行职员，过着朝九晚五的生活。

“冷门”的发掘是视野的拓展，也是灵敏的商业嗅觉使然。富人会细心观察身边的每一个领域，冷与不冷不在主观而在市场，他们明白市场决定生意，生意决定财富的道理。那些能从“冷”处着手，钻“冷门”的人，才可能挖到更大的宝藏。生意场上“冷门”并不怕，它只是戴了面具的财富，谁能让它显真容，谁就会获得财富。

紧跟时代，及时更新赚钱思路

时代千变万化，钱却没有改变模样，要想让它投入自己的怀抱，就要变着花样讨它欢心，这就是赚钱思路。最新、最到位，跟上时代的步伐，你才能跟上钱的脚步。

社会发展日新月异，思想守旧、与社会脱节必然导致被淘汰的恶果。赚钱也是这样。俗语说："士别三日，定当刮目相看。"如果赚钱只抱老眼光，无法推陈出新，付出再多，有时也是枉然。只有紧跟时代步伐，你才会成为富有的人。

据媒体报道，网络游戏自2003年以来骤然兴起，成为当年十大赢利行业之一。它不仅使一度陷入低迷的网络行业找到新的赢利模式，还使得其中一些涉足较早者迅速积累财富。有的游戏商在短短几年内赢利数十亿，网游迅速成为中国最赚钱的行业。一个新的赚钱领域应运而生，每个人都想在网络的世界里大赚一把。一位名为彭海涛的少年因为网游成为明星，他的一款名为《传说》的游戏被盛大以亿元天价购买，他也因此成为亿万富翁。

彭海涛，1.72米，穿着运动短装，皮肤黝黑。"除了上学，我都在玩游戏"，他这么说的，也是这么做的。他的玩游戏历史要从幼儿园算起，母亲出差时带回来的家庭电子游戏机，成为他游戏世界的第一个伙伴。

1994年，彭海涛又向家人索要了一台486的电脑。处理器只有33M，没有硬盘，在DOS模式下运行，彭海涛却兴奋不已。2001年，彭海涛考上了自己喜爱的大学，志愿是"网络学院"。此时的他已不仅是玩游戏的高手，更是修改游戏的高手。"我是在玩游戏，而不是被游戏玩。”这可能是彭海涛有别于他人的地方，做游戏的操控者而不是被控者，这也为他后来投身游戏行业奠定了基础。大学时期彭海涛已学会通过游戏赚钱：卖《传奇》装备得到6000元；赢得某游戏成都区冠军获得奖金8000元。

此后不久，彭海涛就开始自己创业：创建游戏工作室，投身网络游戏设计和运营。当时的中国，网络游戏商获得了不可思议的市场收入，而两年前网游市场利润为零。刚开始的创业是艰辛的，“那时候公司就是网吧，员工们蓬头垢面地聚在电脑前，没日没夜地熬。”随着3D网游《传说online》的设计成功，一切改变了。在很短的时间内，注册用户超过600万，原本默默无闻的年轻人一跃成为业界炙手可热的新星。随着该游戏在网游爱好者中的影响越来越大，盛大集团以高价购进，彭海涛在一夜间暴富。

现在他仍在进行最新款游戏的设计和开发，不久的将来或许又会有新的“奇迹”诞生。赚钱的多少跟年龄无关，只要思路不落伍，仍旧可以成为富翁。所有梦想财富的人们，请开阔自己的眼光和思路，早一点“新潮”就会早一点致富。

第六章　突破自我，决胜财富角斗场

最大的危险就是觉得没危险

古人道："生于忧患，死于安乐。"在对待财富的态度上如果不居安思危，防微杜渐，既得财富也可能渐渐消失。华为总裁任正非在企业处于"春天"之时大谈"冬天"：冬天是可爱的，不是可怕的，如果你不事先预判它的到来，你可能永远感受不到春天的美好，财富也如隔岸桃花。

一个人在什么时候最危险？处处险象环生，前有悬崖后无退路；还是四周一片宁静，鸟语花香？失败的时候抱怨幸福太远，成功的时候觉得未来无忧。总觉得春天最好，冬天早应该从这个世界消失。春天也会很冷，如果只贪图享受春日暖意，将注定把到来的冬天抛于脑后，它就会提前到来。

"冬天也是可爱的，并不是可恨的。我们如果不经过一个冬天，我们的队伍一直飘飘然是非常危险的，华为千万不能骄傲。所以，冬天并不可怕，我们是能够度得过去的。"这是华为总裁任正非的一段话，他在告诫人们，没有危机，华为不会存在，个人的价值也会消失殆尽，冬天的存在是为了让人们寻找春天。

在网络股泡沫破灭的寒流还未侵袭中国、国内通信业增长速度仍然迅猛的时候，当华为2000年年销售额达220亿元的时候，任正非却大谈危机："华为的危机以及萎缩、破产一定会到来。"他在一次公司内部讲话中颇有感触地说："十年来我天天思考的都是失败，对成功视而不见，没有什么荣誉感、自豪感而只有危机感，也许是这样才存活了十年。我们大家要一起来想怎样才能活下去，也许才能存活得久一些。失败这一天一定会到来，大家要准备迎接，这是我从不动摇的看法，这是历史规律。"这篇题为《华为的冬天》的文章后来在业界广为流传。

"华为的冬天"实际上并非只是华为公司的冬天。在《华为的冬天》最后，任正非说："沉舟侧畔千帆过，病树前头万木春。网络股的暴跌，必将对两三年后的建设预期产生影响，那时制造业就惯性进入了收缩。眼前的繁荣是前几年网络大涨的惯性结果。记住一句话'物极必反'，这一场网络、设备供应的冬天，也会像它热得人们不理解那样，冷得出奇。没有预见，没有预防，就会冻死。那时，谁有棉衣，谁就能活下来。"

比尔·盖茨屡次告诫微软的员工，要时刻怀有"距离破产只有18个月"的危机感。海尔集团的张瑞敏说："永远战战兢兢，永远如履薄冰，以永远的忧患意识追求永远的活力。"

一个具有忧患意识的人才能成功，防微杜渐历来是商场成功必备的因素。华为在2008年的销售额超过200亿美元，人们看到的是它的成功，但任正非说华为没有成功，只有成长，以及未来越来越多的难以预计的困难。正是这种意识让华为不断进步，在忧患中不断发展。

综观世界各大富豪和企业家，他们中的许多人总能在危机来临之前避免损失，并能借此有更好的发展。他们有"提前预警"的意识，当危险真正到来，自己才不会受到威胁。一个想富有的人，不应被现有的财富捆住双脚，迷失前进的方向。安于享受只会使将来暗淡无光，只有将已取得的成绩抛在脑后，用更加明晰远大的眼光洞察未来，才能将可能的危险消灭于萌芽状态，成功和财富才不会离你远去。

天上的馅饼，只砸进张开的嘴里

有这样一句话："机不可失，时不再来。"每一个机遇都像稍纵即逝的流星，眨眼之间便会消失踪影。如果想抓住财富的尾巴，就要提前做好准备，哪怕是万分之一的机会，也要拼尽全力去把握。

天上会不会掉馅饼？这是蠢问题。当然不会，除非在梦里。但是如果有一天真的掉了馅饼，怎么才能接住它？答案只有一个：只有先张开嘴巴，才不会让馅饼落入他人之口。

要想变得富有，很多因素必不可少，机遇就是其中之一。很多人抱怨机遇太少或没有机遇。他们坐等机遇，强调客观原因，而不从自身找答案。这就是他们"错失"机遇的原因。一个真正抓住机遇的人，会在机遇来临之前做好全方位的准备，只有自己具备了迎接机遇的实力，才会吃到"天上的馅饼"，"肚子"饱了，财富也会慢慢到来。

张曼玉现在已是知名的国际明星，电影、广告等工作源源不断，挣钱对她来说已是再容易不过的事。很多人问她成功的原因，她提到了一个人——王家卫。王家卫可以说是张曼玉的电影启蒙老师，他导演的《旺角卡门》和《花样年华》都由张曼玉主演，一部让她开窍，一部让她享誉全球。所以，张曼玉将王家卫视为自己的伯乐。

张曼玉说："在遇到王家卫之前，做演员对我而言就意味着机械地做反应，毫无原因地狂喊，像孩子一样哭、蹦蹦跳跳。而拍《旺角卡门》时，我要寻找感情的深入点。我认识到自己是电影中的一个人，这个人由思想到动作之间的连接构成。我慢慢地，一点一点地努力去做。王家卫先是琢磨演员、眼神、服装色彩、物体形态、视觉效果，然后从这些出发去构思他的作品。和他在一起，我成了一个研究对象。

这种拍电影的方式在香港不常见。在香港，电影飞快地拍、飞快地看，速度毫无节制，因为人们不喜欢停顿、沉默以及缓慢，然而，要成为一个名副其实的演员，这一切是必不可少的。”

在拍完《花样年华》后，张曼玉又忆起王家卫对她的影响：“王家卫在我最低落的时候出现，他让我有了自信。10年前，我开始想突破自己，但需要有一个适合的人去配合。而王家卫就是那个人。因为他没有剧本，你就没有办法，只能用心去演……和王家卫拍片，我觉得很有安全感。他永远会把我最好的一面拍出来。王家卫为我打开了一扇门，他使我明白：表演不仅仅是一种陈述，而是要发自内心，需要整个身心的投入，而不是光靠脸部或眼睛。”

张曼玉对王家卫充满了敬佩与感激，觉得遇到他是上天赐予自己的机遇。其实王家卫成就了张曼玉的同时，张曼玉也成就了王家卫。王家卫之所以能成为伯乐，前提是张曼玉的确是一匹“千里马”。如果张曼玉仅仅是“花瓶”，如果她本身没有足够的实力，如果她不能够静下心来进入人物内心细细揣摩角色，机会也不会光顾她。

一个能真正抓住机遇的人会抓紧时间修炼“内功”，使自己的实力和机遇相配，这就是富人和穷人的区别。富人敢想敢做，穷人只想不做。同一件事在富人手里是成功，在穷人那里就是失败，不要说幸运的事只青睐富有的人，那是因为富人本身就具备了迎接幸福的能力；穷人只有奋起直追，在拥有成功想法的同时要让自己真正强大起来。有一天，天上真的掉下馅饼，你就能牢牢地将它咬在嘴里，而不是被它砸晕。

要想秋天有收成，必须在春天就播种。要想获得机会，总是要事先努力付出。所以，所有渴望成功的人们，当你们梦想有一天获得无数鲜花、掌声和财富的时候，请先静下心来，在面前的土壤里播种、施肥，只有这样，美丽的花朵才会在你生命中盛开。

不做盲从的大多数，赚钱就做“非主流”

赚钱不盲从，拥有自己的个性和品位，才能吸引更多人的关注。

任何东西都必须拥有个性，有个性才能生存。犹太人认为：商业的个性就是独有的经商理念、特殊的经营模式，因环境条件差异而不可相互简单模仿的销售品种和价格等要素的总和。

社会的发展日新月异，赚钱却是人们心中不变的念头。怎样才能在竞争激烈的市场中获胜？面对新的赚钱领域，盲从跟风还是坚持有自己的特色？当所有人趋之若鹜地扑向同一领域，即使蛋糕再大，也会因为僧多粥少得不到太多利益，简单的模仿只会将自己的路堵死，“学我者生，似我者亡”就是这个道理。而那些从一开始就坚持自己特色的人，会渐渐拨云见日，打造自己的名牌。

陈佳慧是南京第一家自助式旋转小火锅店的老板，她有着幸福的家庭，有疼她的老公和可爱的女儿，但她想成就一番事业。于是，她投入巨资开创了自己的火锅店。她不希望自己的火锅店像街边的大火锅店似的，一群人围着桌子赤膊上身，猜拳行令，不雅观也不会有太大市场。陈佳慧给它的定位是优雅舒适，消费群是二三十岁的年轻人，他们可以在这里聊天休闲，像咖啡厅一样让人感到舒服。于是她上网查小火锅的相关信息，终于找到了一种旋转的小火锅。这种火锅的特别之处在于它的自助台上有一个可以自动旋转的传送带，传送顾客需要的菜，客人可方便而快捷地拿菜。因为她的店独具特色，所以刚开业客人就源源不断。不足一年，她就赚回了130万元的成本。现在她的分店正在陆续开业，生意也越来越红火。

陈佳慧的成功源于自己的特色。小小的火锅本不新奇，但独特的定位和新颖的风格让她早早搭上了财富的班车，有别于他人成了陈佳慧致富的秘诀。所以，不做大多数，当大家都千篇一律地做同样的东西的时候，你的“另类”就成了获取财富的撒手锏。努力让自己不一样，财富就会来到你身边。

放下面子，只要能赚钱就不怕丢人

一位女孩在路边修鞋，有人问她：“你这么年轻漂亮，大庭广众之下为人家补鞋，不觉得丢面子吗?”这位女孩一边熟练地补着鞋，一边低着头说：“靠手艺挣钱，丢什么面子呀?”

在中国，面子是个大问题，人们常说，人要脸，树要皮。自古以来，中国就是重农轻商。古代的四大行业，所谓“士农工商，四民有业”，商业是排在最后的。司马迁作《史记》，将为商贾立传的《货殖列传》排到全书的最后，在司马迁的思想里，商贾的地位，连从事看相、算卦的都不如，甚至到了1949年以后，行业排位也是“工农兵学商”，“商”依旧排在最末。

所以，有的人开始创业时，因为耻于与“商人”联系在一起，就掩饰地说自己做生意是为了创一番事业。但真正的商人毫不掩饰自己的目的，他会理直气壮地说：是为了赚钱！威力打火机有限公司老板徐勇水面对“你创业成功的动力是什么”的提问时，回答说：“就是为了赚钱，过上好日子。”

正是因为这类商人脸皮“厚”，才能赚到别人赚不到的钱。他们认为职业没有高低贵贱之分，加上他们敢为天下先的胆识，决定了他们敢四处闯荡，占据外地人不屑一顾的那些领域，不声不响地富起来。

当年在街上摆摊、依靠擦鞋度日的小擦鞋匠，如今已成为台湾制鞋业的领导品牌之一“阿瘦皮鞋”的创始人兼董事长，他就是罗水木。他笑着回忆：“年轻时我长得瘦小，体重不到 50 公斤，街坊都叫我‘阿瘦’，既亲切又贴切。”

20 世纪 50 年代还是一个很多人穿不起皮鞋的年代，擦鞋可谓“金字塔顶端的五星级服务”。但是在台北市延平北路二段“东云阁”大酒家楼下已形成了一条“人龙”，在“金融一条街”工作的上班族，正排队等候名声响亮的“阿瘦仔”擦鞋，尽管“阿瘦仔”擦一双鞋的价格比吃一顿正餐还贵。只见在“人龙”的最前端，身手利索的“阿瘦仔”拿着猪毛刷和擦布，飞快地给客人的皮鞋上油、擦亮、磨光，同样的程序毫不马虎地坚持 3 轮，才算大功告成。

“阿瘦仔”擦鞋摊附近，擦鞋摊、擦鞋店林立，但要想找到“擦 3 遍，亮 3 天”的擦鞋师傅，除了“阿瘦仔”，可说是“别无分号”，“擦鞋找阿瘦”的口号不胫而走。

“我绝对不会因为客人多，为了抢时间而减少一道工序。”罗水木骄傲地说，“客人的眼睛是雪亮的，即使能骗得了一时，客人终究会发现。”10 岁就辍学的他，头脑中有一种模糊的“品牌观念”——“阿瘦仔”的招牌，沾不得一点儿灰尘。

创业路上不乏艰难险阻，即使是擦皮鞋，罗水木也全心投入，终于获得了顾客的信任，从台湾街头一个不起眼的小擦鞋摊，到年营业额超过 30 亿元新台币（约合 6.8 亿元人民币）的“龙头企业”。

在成功商人看来，面子不值几个钱，能赚大钱才算有面子，这是成功商人独特的“面子观”。在他们的观念中，如果你想在社会上走出一条路来，就要放下身份和面子，让自己回归到“普通人”。同时，不要在乎别人的眼光和批评，做你认为值得做的事，走你认为值得走的路。

放下面子更易获得成功，因为敢于舍弃面子的人，他的思考富有高度的弹性，不会有刻板的观念，而且能吸收各种资讯，形成一个庞大而多样的资讯库，这将是他的本钱。敢于舍弃面子的人能比别人更早一步抓住好机会，也能比别人抓到更多的机会，因为他没有面子的顾虑。

俗话说，可怜之人必有可恨之处，对于那些要保住面子而不愿努力打拼挣钱的可怜人，成功商人是最瞧不起的。

你可能会说：成功商人当初不也一贫如洗吗？但他们能丢掉面子、顶着压力努力赚钱，“自救者得天救”，成功商人能赚钱而且赚了钱就在情理之中了。

第三篇

向财富进军——学习富人的投资方法

第七章　提高素养，夯实财富大厦的根基

信心，支撑你投资成功的魔杖

那些成功的投资者，之所以能够成功，很大程度上依赖于他们的信心。他们对于自己的成功都很有信心，这种信心对许多人来说是顽固不化、不可理喻的。但就是这样持久的信心支撑着他们忍受一次又一次的打击，坚持走下去，直到看到成功的曙光！

拥有信心固然重要，但是将这种素质在投资中运用更重要。要坚信自己的眼光，才有可能拥抱财富。作为商人，你的任务就是想办法制订好一套完整的合理的商业计划，坚定自己的看法和计划，剩下的事情就让别人去做，自己等着赚钱就可以了。巴鲁克就是因为坚信自己而走向成功的一个人。

24 岁的青年巴鲁克，以普普通通的出身，凭着自己准确的判断和锲而不舍的精神，用借来的 5 万美元在 10 年间滚出了亿元身价，铸造了以色列第一财务软件企业的宏伟事业。当时电脑行业正在时兴，随着大量国外品牌电脑的进入，国外大公司开发的各种软件也开始长驱直入，计算机行业再次面临着机会的诱惑，不少人认为国外的计算机无论硬件还是软件均远远超过本国，与其苦苦开发民族软件，不如直接销售推广国外的硬件和软件，这样风险小，来钱快。

巴鲁克仍然潜心致力民族财务软件的开发、销售，似乎并不在乎国外同行的竞争。在他看来，软件应用离不开技术和服务的本地化支持。国外许多公司可以将软件加以调整推向市场，但其母版是国外的，不可能完全符合本国企业的要求。民族软件业的优势就在这里，不仅完全做到了应用、服务的本地化支持网络，而且从软件设计上一开始就充分考虑到了以色列企业的现状。

也正是凭借这一优势，2000 年，巴鲁克击败国外著名公司，以不菲的价格拿下了仅软件服务就达 1000 万美元的大洋公司财务软件合作项目，巴鲁克的判断力再一次得了高分。

我们要像巴鲁克那样在确定自己的计划之前周全考虑，在计划实施后，坚信自己。投资也是如此，只有坚信自己的眼光，才会避免犹豫不决带来的财富损失。

投资不是一项复杂的工作，它之所以被认为那么深奥复杂，非得依赖专家才行，是投资人不知如何应付不确定的投资世界，误将简单问题复杂化，无法自己冷静地作决策，总是想听听他人的意见。

由于不懂如何面对未知且不确定的投资环境，误以为必须具有未卜先知的能力，或是要有高深的分析判断能力才能做好投资，许多人便习惯性地把投资决策托付给专家。

然而，如同彼得·林奇所说："5 万个专业投资者也许都是错的。"如果专业投资者真的知道何时会开始上涨，或是哪一只股票一定可以买的话，他早就已经有钱到不必靠当分析师或专家来谋生了。

因此，以专家的意见主宰你的投资决策是非常危险的，投资到头来还是要靠自己。

事实上，业余投资者本身有很多内在的优势，如果充分地加以利用，那么他们的投资业绩丝毫不比投资专家逊色，诚如彼得·林奇所说："动用你 3% 的智力，你会比专家更出色。"

在投资上只要你做好市场调查，坚信自己的决定，你就能成为自己的投资专家。

耐性，投资赚钱不可或缺的素养

投资是件慢工出细活、欲速则不达的事，所以对于想快速致富的人，投资并不适合他。利用投资创造财富的力量虽然比我们想象的要来得大，但是所需的时间比想象的来得久。投资能够缓慢而稳健地致富，若用小钱投资，想在短时间内赚取亿万的财富，可以在此斩钉截铁地说："不可能!"投资需要耐心，耐心也是投资者必备的素养之一。

杰西·利维摩尔曾说："我操作正确，却破了产。情况是这样的，我看着前方，看到了一大堆钞票，我自然就开始快速冲了过去，不再考虑那堆钞票的距离。在到达那堆钱之前，我的钱被洗得一干二净，我本该走着去，而不是急于冲刺，我虽然操作正确，但是操之过急。"他的言语告诫投资者投资时即使你的操作正确，也不能操之过急，一定要有耐心。否则会一败涂地。

曾经有一位白手起家，靠投资股票致富的人说过："现在已经闯开了，股票涨一下子就能进账数百万元，赚钱突然间变得容易，挡都挡不住；回想30年前刚进股市的那段日子里，费了千辛万苦才赚1万—2万元，真不知道那时候的钱都跑到哪里去了?"

这种经历对许多曾经艰苦奋斗、白手起家的人而言，并不陌生。万事起头难，初期奋斗时钱很难赚，为了区区几万元就得费尽千辛万苦，直到在股市耐心奋斗若干年后，才会发现财源滚滚，挡都挡不住。所以在投资领域，只要有耐心，钱是跑不掉的，反而是操之过急会让到手的钱财变为泡沫。

赚大钱需要耐心，但是大钱也是由小钱积累起来的。因此要想赚大钱需要从“小钱”开始。不屑于赚小钱的人，在投资中不会成功的，他们缺乏赚大钱的耐心。“赚小钱”可培养自己踏实的做事态度和金钱观念，这对日后“做大事，赚大钱”以及一生都有莫大的助益。有钱的投资者都有持久的耐力，他们知道一切从小开始。投资赚钱也是这样，只有抓住眼前的小钱，才能一步步去赢得财富。这就需要耐心的帮助。

善于变通，赢得财富

善于变通是投资者必备的素养之一，我们必须顺势而为，善于变通。在投资环境变化或者形势变化的时候，我们的投资策略必须改变，否则就会吃亏。

德雷斯塔德特运用活跃的大脑，转变思维方式，扭转“声望市场”开禁将豪华汽车卖给黑人，改变豪华汽车的制造方式以降低成本，把钱花在消费者看得见的地方，最终让凯迪拉克起死回生。同时为德雷斯塔德特带来晋升的机会，让他拥有更多掌握财富的机会。

美国经济大萧条时期，整个汽车市场极度萎靡，豪华车市场几乎陷入崩溃。通用汽车公司的凯迪拉克所面临的问题是：究竟是选择彻底停止生产，还是暂时保留这一品牌等待市场行情好转?

董事会执行委员会正开会决定凯迪拉克的命运时，德雷斯塔德特告诉委员会他有一个方案可以使凯迪拉克在18个月内扭亏为盈，不管经济是否景气。

当时，凯迪拉克采取的是“声望市场”策略，为争夺市场制定了一项战略：向黑人出售凯迪拉克汽车。

德雷斯塔德特在各地的服务部发现客户中有很多是黑人精英。

他们大多为拳击手、歌星、医生和律师，即使在20世纪30年代经济萧条时期，也有丰厚的收入。他根据自己对凯迪拉克在全国各经销处服务部的观察，提出了方案的一部分。他决定向黑人出售凯迪拉克汽车。

通用汽车公司为什么要主动放弃这个市场呢？执行委员会接受了这一主张，很快在1934年，凯迪拉克的销售量增加了70%，整个部门也真正实现了收支平衡。相比之下，通用汽车公司的同期销售总量增长还不到40%。

1934年6月，德雷斯塔德特被任命为凯迪拉克部门总经理。他还着手彻底改变豪华汽车的制造方式。他指出："质量的好坏完全体现于设计、加工、检验和服务。低效率根本不等于高质量。"他愿意在设计和模具方面进行大量的投资，更乐意在质量控制和一流服务上花大价钱，而不主张在生产过程本身做过量的投资。一位管理人员回忆道："他告诉我们要关注每一个细节。如果别人制造一个零件只需2美元，为什么我们要用3至4美元呢？"

他的这种理念在推行不到3年的时间内，凯迪拉克的生产成本与通用汽车公司的低档车雪佛兰的造价已经差不多一样了，但销售时仍然维持豪华车的高价位，凯迪拉克很快便成为通用汽车公司内最赢利的部门。由于神奇般地使凯迪拉克起死回生，德雷斯塔德特在通用汽车公司内部的发展也由此平步青云。1936年，他被任命为公司最大部门雪佛兰的总经理。

在投资中变通是一种很重要的素养，变通不仅仅是改变你的思维，而是在改变思维的同时紧紧抓住了赚钱的机会。因此，作为投资者要好好培养这种素养。

有激情，一切皆有可能

激情让人勇往直前，没有激情就没有梦想，没有梦想就没有追求财富的动力，财富的递增大都是源于激情和梦想。追求财富的路上只有想不到的，没有做不到的，正如李宁说的那样，一切皆有可能。

孙迪出生于1917年，90多岁的他在南京玉桥市场经营着一个不小的铺子，卖年轻人穿的T恤、牛仔裤。这些服装都是他亲自去挑的货，露脐装、热裤、带亮片的背心……街上流行的这里都有，丝毫不觉得老气。

1980年，孙迪从单位退休，心里萌发了创业的激情，但遭到老伴的强烈反对。第二年，孙迪只身一人从老家无锡来到南京，由于人生地不熟，他没有急于创业，而是选择在一家外贸公司做服装面料采购工作，一做就是两年。有一天他在火车站遇到一个人，对方自称南京一家大型服装厂的老总，并且很爽快地答应买老孙10万米布，答应货到付款。可是，半个月左右，孙迪按照对方的要求把布送到了指定工厂，那个老总说一时资金周转不开，打了个欠条，保证10天内付款。10天过去了，还没有消息，孙迪连忙打电话和对方联系，却发现这个号码已经注销，公司也突然消失了。

这次失败之后，孙迪决定先从小生意做起，一开始边做服装边卖冰棒，他一直对牛仔布料感兴趣，就将经营种类定在牛仔服上，渐渐打开了销路，还在周边市场买了3节柜台，经营牛仔服饰。生意做大了，孙迪想要把柜台卖掉，换成商铺，结果老伴不依了，“这些柜台可是我们的衣食父母啊，你已经80多岁了，我们俩还能活多久啊！”

不过，孙迪还是悄悄将柜台卖了，他购买了两节商铺，继续卖牛仔服饰。88 岁那年，老爷子准备代理品牌牛仔，在六七月份顶着大太阳，一个人全国各地跑，去了解牛仔服饰品牌。最后，孙迪在广州看中了一个牛仔品牌，可是对方又有想法了，毕竟孙迪 88 岁高龄，厂家心里总觉得没有底。

孙迪将自己卖服装的经历和市场现状讲给对方听，保证做不好一切费用自己承担。对方还是不放心，8 月份，专门到孙迪的店铺考察了一番，终于下决心接受这个 88 岁的高龄客户。

现在，孙迪依然像小伙子一样激情澎湃地经营着他的服装生意，而且是某牛仔品牌的南京代理商，每年的营业额达 60 多万元。

如今，孙迪还在服装市场上跟年轻人一起做生意，不管以后事业做大做小，他身上这种创业的激情，值得所有投资者学习。

不过创业投资只有激情是不够的，只有激情和理性相伴，才能更好地实现投资致富的梦想。激情与理性携手投资，必须做到以下几点：

（1）管好资金。企业是由人才、产品、资金所组成，自有资金不足，会导致创业者利息负担过重，无法成就事业。因此要有“多少实力做多少事”的观念，不要举债经营。

（2）慎选行业。要选择自己熟悉又专精的事业，初期可以小本经营或找股东合作，按照创业计划逐步发展。

（3）放眼长远。小企业的发展，稳健永远要比成长更重要，如果你每年能有 30% 的利润，3 到 5 年后你就能有机会把事业做得更大，因此要有跑马拉松的耐力及准备，一步一个脚印，按部就班，不要存在抢短线做投机的幻想。

（4）先求生存。要先扎好根基，求生存后再求发展，切勿好高骛远、贪图业绩，必须重视经营体制，步步为营，再求创造利润，进而扩大经营。

（5）精兵简政。公司初期必须精简、节约、高效、务实，不要追求表面的浮华，不必为太长远的设想先期投资。

（6）结好同盟。创业一定要讲求联盟战略，特别是要与同业联盟，在自有产品之外，附带推销其他相关产品。这样不仅能提高自有产品的吸引力、满足顾客的需求，还能增加自己的竞争力与收益。

（7）坚韧不拔。有计划、有目标、有激情，还必须有坚强的耐心与意志力来实施，用微笑面对挫折，不达目标绝不罢休。

综上，作为一个优秀的投资者，我们要充满激情，大胆地去为自己的投资事业拼搏。在理性的协助下，让自己在投资的蓝海中驰骋遨游，创造出巨大的财富。

第八章　向富人看齐，制订进军财富计划

设定适合自己的财富目标

对于一只没有目标的船来说，所有方向的风都是逆风。目标是指路明灯，没有目标，就没有坚定的方向，就没有希望。在追求财富的过程中，如果有明确的目标引导，我们就能坚定地朝着目标迈进，获取致富的成功。将脑海中孕育的致富欲望，转化成一个明确的目标，然后集中精力为确定的目标而坚持不懈地努力奋斗，这是获得财富的关键。

1. 投资目标要明确

美国的汉堡包大王麦当劳公司前任总裁柯柏先生在他的回忆录中写到，他事业的转折点，是他觉悟到他要成为“快餐店”老板的一刹那间。

当柯柏刚刚被提升到市场部第二把交椅的职位时，他忽然意识到：这次升迁对他个人所追求的致富目标毫无意义。他的目标是管理整个公司，但他目前的职位不是负责公司的主要业务。为此柯柏毅然放弃了令他人羡慕的职位，坚决要从事汉堡包的专卖创业，并从头做起，学习如何创业做生意。一年以后，柯柏被总部调回，当上了营销部经

理。没多久，他以杰出的营销才能出任常务总经理的职位，并成为总经理的唯一接班人。

从柯柏先生的成长历程看，他之所以获得了巨大的成功，就是他确立了奋斗目标，然后为之奋斗才获得成功的。可见，目标的确立，对于一个人一生的成功是多么重要。对于投资尤为如此。

当你初入投资市场，准备大干一场时，切记不可没有投资目标。订立明确的目标，把明确目标记录下来，可使你更清楚地了解你所希望的是什么。它既可提醒你明确目标，也可以暴露出目标的缺点。如果你写不出心中所想的明确目标，可能意味着你对这些目标的确信程度还不够。你一旦写出目标之后，每天对自己至少大声念一次，这样不但可以加强你的执着信念，也可以强化你内在的力量，并使你朝着目标前进。

2. 适时调整投资目标

当然，目标也不是一成不变的，我们应该学会随着大环境和自身因素适时改变目标，如果固执地追求不该坚持的目标，即使你付出再多的努力也只能是南辕北辙。

有一条河从高原由西向东一直流到渤海，渤海口有一条非常优秀的鱼逆流而行，它想去最上游找一个水草丰茂的好地方。它的游技很精湛，因而游得很精彩，一会儿冲过浅滩，一会儿划过激流，它穿过湖泊中的层层渔网，也躲过了无数水鸟的追逐。它逆行了著名的壶口瀑布，堪称奇迹；最后穿过山涧，挤过石洞，游过了高原。然后它还没来得及发出一声欢呼，瞬间就被结成了冰。

若干年后，一群登山者在唐古拉山的冰块中发现了它，它还保持着游的姿势，有人认出这是渤海的鱼。一个年轻人感叹，这是一条勇敢的鱼，它克服千山万水，逆流而上，才到达这个高度。一位老者却为之叹息，它只有永不退缩的精神却没有找到适合自己的目标，最后得到的只有死亡。

如果你不想做唐古拉山的冰鱼，那就要学会选准并调整目标。一般而言，以下几种情况必须调整目标。

第一，社会环境发生巨大变化。任何人的目标都是特定时代、特定环境的产物，而各种环境中尤其是政策和经济对投资有决定性的作用。比如中国的改革开放，这一政策让不少人开始意识到中国即将打开的巨大经济市场，由此而下海投资让他们成为中国市场经济前沿的弄潮儿；而1997年亚洲金融风暴的前兆，许多投资者完全没有感觉，一直被虚涨的楼市迷惑着，变本加厉地投资楼市的人们一点儿也没有意识到应该调整自己的投资，直到倒在房地产的血泊中。

第二，主攻方向与自身特征不符。若原定目标与自己才能、性格、兴趣不吻合，目标实现的可能就微乎其微。这时就该对目标立即进行相应调整，要及时捕捉新的信息，确定新的主攻目标。通常，扬长避短是确定目标的重要方法。恽寿平是清代著名画家，相传他开始是画山水画的，但后来见到王石谷，自以为山水画无法超越他，于是专攻花卉，成为名满天下的大画家。投资也一样，有不少人投资房地产败得“口袋里只剩33块，没有钱回家买菜”，投资股票或其他却赚得盆满钵满。

制订实现目标的详细计划

常言道：“算计不到穷一时，计划不到穷一世。”进军财富世界，没有实施计划是不可思议的，财富就像一棵树，是从一粒小小的种子长大的。有了财富目标，再制订一个适合于自己的实施计划表，那么财富就会依照计划表慢慢增长，起初是一粒种子，随着你的精心呵护终有一天会长成参天大树。

1. 孙正义的财富帝国建立在计划上

制订一个财富计划表对于投资者相当重要，不论是贯穿整个人生的财富计划，还是短期具体创业的投资计划，制订计划表都是有百利而无一害的，它就像藏宝图，引领你直抵宝藏之地。

亚洲超级富豪孙正义19岁时就立下了50年的财富计划：

19岁攫取人生第一桶金；

25之前确立自己努力的方向；

30岁之前闯出名堂；

40岁之前积累至少1000亿日元；

50岁以前一决胜负；

60岁以前完成事业；

70岁以前交棒，让下一代继承事业。

按照这50年的计划，孙正义出色地建立了自己的财富帝国。如今五十出头的他是亚洲唯一可以与比尔·盖茨并驾齐驱的信息产业巨富，并在财富之路上继续前行。制订长远的财富计划，再阶段性地分成小计划，一一攻克，这是孙正义成就巨富的法宝之一。据说，他创业之初，模拟自己想成立的事业，分别编制出10年的预估损益平衡表、资产负债表、资金周转表，还依时序的不同，编出不同形态的公司组织图，作出沙盘推演。

2. 庞威的周密计划

庞威是经营影碟机的。2006年年初，他想进一步扩大生意，然而如何着手呢？他首先宏观分析了全国的市场走势，认为：现在人们对家电的购买欲正在急剧上升，而且有可能迅速掀起一个高潮，必须抓紧时间把货备齐，手里有粮心不慌。

一旦拿定主意，庞威便制订了一个详细的计划：

第一，要争取尽可能早一些去南方厂家联系购销业务，签订供货合同，把货源落实妥当。他春节刚过即南下广州、深圳，与那里的新老厂家将订货、价钱、供货方式等全都落实了。

第二，根据当时消费者的购物心理，为满足不同层次消费者的需要，把产品品牌、型号都备全了。

第三，为应付家电市场可能出现的全面高涨，他不只做收录机这项生意，把彩电、冰箱、电风扇也都备了货，让顾客在他的店里一次能购到几种所需家电。

由于庞威事前的计划详细周密，结果大获全胜。2006 年夏天，席卷全国的抢购风突然到来，庞威所属十几家店里上亿元的家电不到一个月便被抢购一空，营业员人均销售额每天竟达 50 万元。

庞威的成功就在于他的全面、准确富有条理性的计划。凡事预则立，不预则废，提前做好计划，拟订方案，才能保证在进军财富的道路上有条不紊，大获全胜。

由此可以看出，制订详细的周密实施计划是有必要的。财富计划不但有利于实现一生的投资梦想，在短期运作具体项目或投资中也发挥着不容忽视的优势：

首先，它可以全面分析和规划你的投资，包括创业方向和目标，背景分析，所需人力、资金、步骤、期限、标准等。

其次，它对你的投资有准确的定位和记录。俗话说好记性不如烂笔头，数字写在纸上丢不了，记在脑子里就可能会忘掉，无论是金融投资或是创业项目的关键数字在计划中能够得到准确记录有利于你的成本核算、战略调整。

最后，它让投资行动井然有序。如果事先不作计划，在操作过程中就可能找不到头绪。计划列出后，该干什么、先干什么、后干什么都很清楚，执行起来也有根有据，便于检查。

像玩游戏一样去投资

投资跟游戏有许多相通的地方，从某种意义上讲投资就是一种游戏。大凡玩游戏的高手都是深谙游戏之道的人。他们熟悉投资规则，沉醉于投资的过程，专注于自己经营的领域，心无旁骛，取得常人难以企及的财富。

巴菲特从11岁就喜欢玩股票，跟其他孩子喜欢研究飞机模型一样，他喜欢把股价制成表，观察涨落趋势。他把投资股票当作一种喜爱的游戏，几十年热情不减。据说，如今成为世界首富的他依然一天24小时都在考虑投资的事情。某一天晚上，巴菲特和他的妻子苏珊受邀去朋友家中吃饭。晚餐过后，他们的朋友架起幻灯机向他们展示金字塔的照片，这时候巴菲特建议他的朋友给苏珊放照片，而他自己饶有兴趣地去朋友的卧室读一份年报。读年报是巴菲特的爱好，就像我们很多人下班之后喜欢打某种游戏一样。

巴菲特如此成功的原因之一就是他深谙投资游戏规则，把投资当作一种游戏，没有像很多投资者那样被自己给自己施加的压力拖垮，所以在大多数人亏得血本无归时，他却如鱼得水。视投资为游戏，而不仅仅是赚钱，这就是巴菲特。正因为投资是他热衷的游戏，不是养家糊口的职业。所以，他永远有十足的精力投资——就像一个逃学玩电子游戏的孩子那样着迷而专注。

以投资为游戏，并非说你对它的态度可以懒散而随便。事实上，玩游戏的人是最专心致志的人。玩游戏让你进入一个张弛有度的良好状态，既不过度紧张，又不完全松散，它让你对投资市场风云变幻洞若观火。所以说要想投资成功，最好的办法就是不要把投资当成单纯赚钱的事，而是把它当成一种游戏融入生活，让投资不再弥漫过重的金钱气味，这样你才会对投资保持持久的兴趣和清醒的认识。

投资是一种可以掌控的游戏，无论是谁都可以试试。你不妨与自己的孩子一起坚持做下去。比如说，让自己的孩子成为富翁，你可以根据自己目前的经济状况，按照下列游戏规则去做就可以：

假如你的孩子刚刚出生，你打算在他（她）60 岁时让他（她）成为亿万富翁，则从现在开始每个月只需投资 7744 元，每年的回报率保证在 12% 以上，那么 60 年后他（她）的资金将积累到 1 亿元。

如果你现在已经给他（她）储备了 2 万元，那么只需每个月投资 5742 元，60 年后他（她）也会成为亿万富翁。

如果你现在已经有 10 万元，而且每年的投资回报率为 12%，那么你不但不需要再投资，而且每个月能得到 2264 元的回报，你的孩子 60 岁时也将成为亿万富翁。

投资没有什么特别的奥秘，也不需要太复杂的技巧，只要懂得投资游戏的法则，并按照游戏法则坚持玩下去，你就是最后的赢家。投资不是富人的专利，钱多钱少都需要好好打理自己的钱财。

理财的最常见方式就是投资，现在我们可以投资的金融产品越来越多：A 股、B 股、封闭式基金、开放式基金、国债、企业债、企业可转债、期货、黄金、外汇、房地产等。面对众多的投资品种，我们需要了解投资的基本常识，提高自己的投资水平，才能像富人那样获得更多的财富。

精通投资不可漠视规则

优秀的投资者，不单单要熟悉自己的投资领域，更要熟悉这个投资领域的规则。掌握投资的游戏规则是投资的关键所在。投资规则的要旨在于面对讳莫如深的市场，你如何去管理金钱，成为金钱的主人，它的意义不仅仅表现在用钱赚钱上，更重要的是通过自己的投资行为实现利润的最大化，这才是投资的真谛！而这一切的前提是掌握投资的游戏规则。

具体说来你需要掌握以下投资规则：

1．基本的财务知识

很多优秀的人都懂得利用自己的知识和能力赚钱，却不懂如何把赚来的钱管好，利用钱来生钱，这主要是因为他们缺乏基本的财务知识。因此，投资的第一步就是掌握基本的财务知识，学会管理金钱、知道货币的时间价值、读懂简单的财务报表、学会投资成本和收益的基本计算方法。只有学会这些基础的财务知识，才能灵活运用资产，分配各种投资额度，使得自己的财富增长得更快。

2．投资知识

除了财务知识以外，我们要掌握基本的投资之道。现代社会提供了多种投资渠道：银行存款、保险、股票、债券、黄金、外汇、期货、期权、房地产、艺术品等。若要在投资市场有所收获，就必须熟悉各种投资工具。存款的收益虽然低，但是非常安全；股票的收益很高，但是风险较大。各种投资工具都有自己的风险和收益特征。熟悉了基本投资工具以后，还要结合自己的情况，掌握投资的技巧，学习投资的策略，收集和分析投资的信息，只有平常多积累，才能真正学会投资之道。不仅自己要多看多学，还可以参加各种投资学习班、讲座，阅读报纸杂志，通过电视、网络等媒体多方面获取知识。

3．资产负债管理

要投资，首先要弄清楚自己有多少钱可供投资用。类似于企业的财务管理，首先要做的是列出你个人或者家庭的资产负债表：你的资产有多少？资产是如何分布的？资产的配置是否合理？你借过多少钱？长期还是短期？有没有信用卡？信用是否透支？你打算如何还钱？有没有人借过你的钱，是否还能收回？这些问题你可能从来没有想过，但是，如果你想要具备良好的投资能力，必须从现在开始关注它们。

4. 风险的管理

天有不测风云，人有旦夕祸福，若不做好风险管理与防范，当意外发生时，可能会使自己陷入困境。一个人不但要了解自己承受风险的能力，即自己能承受多大的风险，而且要了解自己的风险态度，即是否愿意承受大的风险，这会随着人的年龄等情况的变化而变化。年轻人可能愿意承担风险却没有多少财产可以用来冒险，老年人具备承受风险的财力，却在思想上不愿意冒险。一个人要根据自己的资产负债情况、年龄、家庭负担状况、职业特点等，使自己的风险与收益组合达到最佳，而这个最佳组合也是根据实际情况随时调整的。

选择适合自己的投资

做任何事情都要选择适合自己的，做不合适的事，结果只能是事与愿违。试想一下，如果让姚明改行举重，他会像在 NBA 球场上一样呼风唤雨、独霸一方吗？投资也是一样，别人赚钱了的投资项目，你去有可能亏得底朝天。

所以，适合自己的才是最好的，那么我们应该如何选择适合自己的投资呢？专家建议我们要注意以下几点：

第一，选择与自己风险承受能力相适应的投资。不同的投资者的投资应该有所区别。稳健的投资者多注重资金的安全性，可选择国债等有固定收益的投资工具；而那些愿意承担较大风险、以期获得较多收益和增值的投资者，可潜心选择普通股，尤其是具有成长潜力的普通股。当然这些投资都应以你净资产所能承受的风险为依据。否则，不考虑自己的风险承受能力，盲目投资者往往会损失惨重。

第二，选择与自己情趣爱好关系密切的投资。随着人们经济收入的增加，生活水平的提高，邮票、字画、珠宝、古玩、钱币等投资品种也开始进入了寻常百姓家。通过投资收藏品获得丰厚的经济效益和精神陶冶，不失为一箭双雕的美事。

另外，选择适合自己的投资应该根据家庭收入状况而定。下面列举了适合不同收入水平的投资方案供大家参考。

1. 适合中低产家庭的投资

中低收入家庭是个相对的概念，在不同经济发展程度的地区有着不同的划分方法。例如，在北京，一个三口之家的家庭年收入在5万元或5万元以下，就属中低收入家庭。

王小姐今年24岁，从事幼师工作，月收入在2500元左右，工作刚一年。她男友在部队，开销小，但是收入不高，只有2000元左右。刘小姐计划和男朋友在下一年结婚。他们现有资产都是银行存款，约有10万元钱，计划在郊区买一套二手小户型，首付需要6万多元。想先租出去几年，等结婚之前再简单装修一下自用。学过经济学的她制订了适合自己的投资计划：

（1）适当承担风险胜过逃避风险。投资可依自身风险承担能力，适当主动承担风险，以取得较高收益。例如医疗等项费用的涨价速度远高于存款的增值速度，要想将来获得完备的医疗服务，现在就必须追求更高的投资收益，因而也必须承担更大的投资风险。

（2）购郊区二手小户型并适当投资。买二手房可用20年七成组合贷款，留下资金，转换债券是个好的投资方向。这种债券平时有利息收入，在有差价的时候还可以通过转换为股票来赚大钱。投资于这种债券，既不会因为损失本金而影响家庭购房的重大安排，又有赚取高额回报的可能，是一种“进可攻，退可守”的投资方式。

2. 适合中高产家庭的投资

目前有许多中国城市家庭可以被称作“中高收入家庭”，这些家庭的年收入在10万元左右；其中有很多家庭拥有12万元以上的存款，这一“富裕”客户群实际占中国商业银行个人存款总额50%以上，且贡献了整个中国银行业赢利的一半以上。

不断增长的财富正促成中国中高收入者投资态度和行业的变化。这种变化首先表现在“富裕”客户愿意在挑选个人金融服务产品时进行多方比较。在调查中，有73%的受访者认为值得投入精力去挑选个人金融服务产品，而这一比例在亚洲的总体水平仅为56%。同时，这些“富裕”客户愿意通过付费来获得好的个人金融服务的比例高于亚洲总体水平。换句话来说，中国的中高收入者比较愿意为享受好的金融产品和服务付出相对高的价格。

另一种变化表现在借款方面。人们越来越愿意向银行贷款，受访者中62%的人表示愿意贷款消费，这其中并不包括按揭产品，年轻受访者持此观点的比例竟高达93%。然而，目前中国银行不能满足这些贷款需求。麦肯锡的报告指出，中国中高收入者对目前金融机构的满意度比较低，仅有65%的受访者对目前金融机构满意，低于亚洲75%的总体水平，这一比例在亚洲受访国家和地区中排在倒数第三位。这些富裕客户已日益被外资银行吸引。

中国本地金融机构需要尽快建立零售客户风险评估体系，要从各客户群和产品的赢利能力考虑。但现在多数银行缺乏业绩衡量系统，既不能确定谁是最佳客户，也不能衡量各客户群的赢利能力。另外，需要细分客户，特别为4%的“富裕”客户提供有区分性的服务。

所以这些中高收入的家庭的投资规划一般集中在个性化的金融服务上，各种新型的金融产品和金融工具都是他们青睐的对象。

3. 适合高收入阶层的投资计划

家庭年收入20万元以上，将增加旅游、教育消费和投资；收入6万~10万元家庭，有一半左右的人愿意增加旅游消费，然后是增加教育、家用电器、住房消费，还有购买计算机、家用汽车、通信工具、保险、健身娱乐的意愿。但这些高收入家庭对生活必需品的拥有饱和，他们处于消费结构升级期，能满足这批人享受的消费品太少、上市太慢。

富裕家庭在制订投资规划时，首先考虑的是汽车、住房、教育等。另外，高收入层次结构的家庭愿意把收入大部分用于投资。有数据显示，无论现有投资或未来投资，高收入家庭都把目标瞄准证券投资，如国债和股票。因此，在投资前要制订相应的消费和投资计划。

第九章　拿出一点冒险精神去投资

冒险投资，从认识风险开始

没有人希望投资做亏本的买卖，谁都渴望投入多少成本，就可以获得多少相应比率的回报。然而，绝大多数时候，这只是投资者一种美好的愿望，因为我们随时都会被四面八方的风险吞没。投资是一种风险活动，要想冒险投资有很大的收益，就必须深入了解风险。

简单地说，风险就是亏损的不确定性：一、有可能导致亏损；二、这种亏损是不确定的，亏损是否发生不确定，亏损何时发生不确定，亏损在何地发生不确定，损失的程度不确定。

只有无限走近风险，了解风险，才能避开风险，投资才能获得成功。

一般情况下，常见的投资风险有以下几种：

（1）财务风险：金融投资，如股票或债券，会因为发行公司创业不善，使股票价格下跌或无法分配股利，或使债券持有人无法收回本金和利息。

（2）市场风险：市场变化的不确切，往往使经验不足的投资者造成亏损。以股市来说，市场的景气与否往往会使持有股票的价格随之起伏，给投资者造成损失。

（3）利率风险：对债券投资者的影响最大，利率上升会使债券价格下跌，造成损失。

（4）购买力风险：通货膨胀会使金钱贬值，丧失原有的购买力，投资利润若赶不上通货膨胀率，就是在赔钱。

根据投资者个人状况又可以具体细分为：

（1）本金损失的风险：不论是因市场因素或是创业优劣，都有损失本金的风险。

（2）收益损失的风险：投资无法获得预期的收益，如租金收不到或无法分配到股利。

（3）管理风险：以投资房产来说，购买一幢房子来出租，投资者就必须亲自创业管理，若疏于管理，就可能造成亏损。

（4）流动性风险：即急需要钱时，将投资品适时变换为现金。一般银行存款、债券和多数股票都可以很快变现，流动风险较低；而房地产和收藏品变现较慢，流动性风险较高。

（5）利率风险：对负有贷款债务的人而言，利率上升会使利息负担增加，除非是固定利率贷款；对靠利息收入维持生活的退休人员而言，利率降低会使收入减少。

天下根本没有高回报、零风险的投资机会。如果有人向你推荐一个高回报而无风险的投资机会，那么你根本不用考虑，他一定是个骗子。

大多数投资者是用闲钱去投资的。闲钱即暂时不急于使用的、在解决基本生活以外余下的钱，都可以算是闲钱，唯有用这笔钱去投资才是最安全的。因为即使全部亏了，也不会对生活造成太大的影响。

投资如人生无常，投资市场有太多的不可能：今日股价大升几千点，明早醒了，突然又暴跌几千点，大起大落。能够笑看风云的，便只有那些有最坏打算用闲钱投资的人；那些把生活费也拿去博者，失误之后就只能是真正的茶饭不思了。

成功的投资者，有充足的心理准备去坦然面对投资市场中的风风雨雨，投资必然会有成败，所以要有最坏的打算，即使真的发生了最坏的事，也能够禁受得住打击，有再战的勇气，不会因此而一蹶不振。

善于冒险，撑起一座财富大厦

冒险是投资者最可贵的精神之一，没有冒险就没有一座座崛起的财富大厦。但是真正善于冒险的投资者，都是去冒值得冒的险，然后努力降低风险。

冒险是一门学问，善于冒险的人都是胸中有数的人，他们不光对自己，而且对他们投资的市场有一定的认识。基于此，他们作出大胆的异乎常人的选择就不足为奇。

美国石油巨富保罗·格蒂，被称为“冒险之神”。格蒂 1914 年从牛津大学毕业返回美国后，适逢美国石油工业进入方兴未艾的年代。格蒂找来石油方面的材料认真研读，又经过一番考察后毅然到石油界去冒险。他向父亲借了一笔款之后开始了他的冒险事业。1916 年格蒂领着一支钻探队，来到马斯科吉郡，经过严密的勘测，以 500 美元的代价租借了一块地产，决定在这里试钻油井。经过一个多月的艰苦奋战，终于打出了第一口油井，每天产油 720 桶。从此进入了石油界。就在这年，他和他父亲合伙成立了“格蒂石油公司”。不到一年时间，他赚取了第一个百万美元，当年他仅有 23 岁。

1919 年，格蒂以更富冒险的精神，转到加利福尼亚州南部，进行他新的冒险计划。但最初的努力失败了，在这里打的第一口井竟是个

“干洞”，未见一滴油。但他不甘失败，在一块还未被别人发现的小田地里取得了租权，决心继续钻。然而这块小田地实在太小了，不过比一间小小的房屋的面积略大一点儿，而且只有一条狭窄的通路可进入此地，载运物资与设备的卡车根本无法开进去。他采纳了一个工人的建议，决定采用小型钻井设备。他和工人们一起，从老远的地方，把物资和设备一件件扛到这块狭窄的土地上，然后用手把钻机重新组合起来。办公室就设在泥染灰封的汽车上，奋战了一个多月，终于在这里打出了油。

随后，他移至洛杉矶南郊，进行新的钻探工作。这是一次更大的冒险，因为购买土地、添置设备以及其他准备工作，已花去了大笔资金，如果在这里不成功，那么，他已赚取到的财富将会毁于一旦。他亲自担任钻井监督，每天在钻井台上战斗十几个小时。打入3000米，未见有油。打入4000米，仍未见有油。当打入4350米时，终于打出油来了。不久，又完成了第二口井的钻探工作。

格蒂的冒险虽然有失败，但他始终不放弃。1927年，他在克利佛同时开4个钻井，又获得成功，收入又增加80万美元。这时，他建立了自己的储油库和炼油厂。1930年他父亲去世时，他个人手头已积攒下数百万美元了。随后的岁月，机遇也常伴格蒂身边。他所买的租田，十之八九都会钻出油来。

事实上，冒险伴随格蒂事业的始终，直到成为世界驰名的财富大亨。

投资需要冒险，财富需要冒险。冒险的人分两种：一种是我们常说的无知者无惧，就像初生牛犊不怕虎一样，这种人勇气可嘉，但运气成分太多，成功的可能性自然很小。

另外一种是明知山有虎，偏向虎山行。这种人对风险有足够的认识，对自身因素充分了解，并为可能发生的状况预先设想出相应的方案，显然这种人身上才真正具备冒险精神，赢得财富的机会很大。

正确估算自己承担风险的能力

如果你月薪1000元，还要养家糊口，你会选择炒股吗？把孩子的奶粉钱和家庭生活费砸到股市上，你输得起吗？在投资市场一派丰收的时刻，谁要站出来说投资有风险，投资者需要及早做好准备，似乎没有多少人去理会。但是，风险因为市场的火热就不存在了吗？当然不是，投资和风险，就像人和影子的关系，即使走到没有阳光的角落，它们照样形影不离。所以，每一个投资者都要清醒地认识到风险的存在，并且要清楚认识自己承受风险的能力，做好积极应对投资风险的准备。

影响风险承受度的因素包括：投资年龄、投资目标的弹性、投资者主观风险偏好。

首先说年龄。从投资角度说，人一生中投资的钱分为两部分：一部分是过去的储蓄，另一部分是未来的储蓄，那么年龄越大过去的储蓄越多，未来的储蓄越少。过去的储蓄作为现在投资的资本，是现在承受风险的部分，未来的储蓄可当作现在资本的价值折现后往后分摊的本钱。由此可以推出年轻人承受风险能力强，年老者相对承受风险能力较弱。如果不考虑年龄因素，盲目投资，结果可能输掉养老钱。

其次，投资目标的弹性。投资目标的弹性越大，风险承受能力越高。若投资目标时间短且无弹性，则保本是最明智的选择。例如，李先生将1万元用于股票投资，打算将投资收益用于跟家人在国内旅游计划，如果李先生成功了就好好带着家人出去放松放松，失败了顶多不去旅游。由此可见，投资弹性大，承受风险能力也强。

当然，最重要的还是投资者主观风险偏好。人各不同，承受风险程度也不一样，投资者主观风险偏好主要表现在风险承受能力上。风险承受能力是我们冒险投资的一个前提，所以我们必须正确估量我们的风险承受能力。想知道你的风险承受能力，不妨做做下面的能力测试。

1. 你的年龄

A. 25 岁或以下；B. 26 岁到 35 岁；C. 36 岁到 45 岁；

D. 46 岁到 55 岁；E. 56 岁到 65 岁；F. 66 岁或以上。

2. 你的婚姻状况

A. 单身；B. 已婚；C. 离婚。

3. 你有多少个孩子

A. 没有；B. 1 个；C. 2 个；D. 3 个；E. 4 个以上。

4. 你的教育程度

A. 小学；B. 中学；C. 专科或中专；D. 大学或以上。

5. 若把你所有的流动资产加起来（银行存款、股票、债券、基金等），减去未来 1 年内的非定期性开支（例如结婚、买车等），约等于你每月薪金的多少倍?

A. 20 倍以上；B. 15.1 ~20 倍；C. 10.1 ~15 倍；

D. 5.1 ~10 倍；E. 2.1 ~5 倍；F. 2 倍以下。

6. 你估计 5 年后的收入会较现在增长多少?

A. 50% 以上；B. 30.1% ~50%；C. 20.1% ~30%；

D. 10.1% ~20%；E. 0.1% ~10%；F. 收入不变或下降。

7. 你平均每月的支出占收入

A. 100% 以上；B. 80.1% ~100%；C. 60.1% ~80%；

D. 40.1% ~60%；E. 20.1% ~40%；F. 20% 以下。

计分方法：

	A	B	C	D	E	F
1	14	8	6	4	2	0
2	12	0	6			
3	17	9	4	2	0	
4	0	2	4	6		
5	15	12	9	6	3	0
6	18	14	10	5	2	0
7	0	2	4	8	12	18

测试答案及分析：

81 分或以上：由于你没有多少财务上的负担，可以很轻松地接受高于一般的风险，可选择高风险的投资项目以赚取较高的回报。

61 ~ 80 分：你只有少量财务上的负担，能够接受较高水平的风险，对于比平均风险略高的投资项目均可以接受。

41 ~ 60 分：你接受风险的能力属于一般水平，可以接受普通程度的风险。

21 ~ 40 分：由于你个人负担较一般人重，故此接受风险的能力亦偏低，不可接受太高风险的投资项目。

20 分以下：你接受风险的能力属于极低水平。因为你有沉重的负担，投资中应取向低风险型投资项目。

第四篇

能挣会花——聪明＋理性＝财富

第十章　别把致富的希望寄托在他人身上

你不理财，财不理你

许多年轻人刚刚走出大学校门走上工作岗位，每月都拿着固定的薪水，看着自己工资卡里的数字一天天涨起来，他们可以尽情地消费。在消费的时候他们从来不觉得花掉的是钱，总感觉是在花一种货币符号。他们似乎并不是很担心没钱的问题，以为这个月花完了，下个月再挣，面包总会有的。

直到有一天他们囊中羞涩，想拿信用卡刷卡时售货员告诉他们："这张卡透支额度满了。"这时，他们才惊慌起来，也奇怪起来："每个月的薪水也不少，都跑到哪儿去了？"是啊，那些钱财都跑到哪里去了呢？怎么不理你了呢？实际上，你自己都不去理财，不对你的钱财负责任，有钱的时候就挥霍，没钱了还能怨谁呢？所以如果我们想让那些钱财主动找我们，主动留在自己的腰包里，首先要明确一个观点：赚钱是重要，但是理财更是不可或缺的。只会赚钱不会理财，到头来还是一个"穷人"。你不去理财，也别想着让财来理你！

李小伟是在北京工作的一个白领，现在的月薪是5000元。除去租房的开支，每月还能剩下不到4000元，可他每到月底还是要向朋友借钱。究其原因，原来，小伟只会努力工作、努力挣钱，以为这样自己就可以富起来，从来没有考虑过如何理财。晚上熬夜看电影上网，第二天起不来又怕迟到扣奖金，只好打车上班。不喜欢吃公司的食堂，一到中午就出去吃肯德基、永和这样的快餐，平均比食堂贵出将近10元钱。而周末又是呼朋引伴聚餐、健身、喝酒，玩得不亦乐乎。每个月都是这样，他从来没有理财的概念。也正是因为这样，工作两年了，他还没有任何积蓄。钱财这些东西好像和他有仇似的，从来不曾找过他。

而同样生活在北京的叶子，每月只能挣1500元，不过与别人合租了一个郊区的平房，扣除房租400元外，还结余1100元。可是她不但不用向别人借钱过日子，每月还能剩余500元。原来，她的作息很有规律，每天也不会到外面吃饭，而是自己买菜自己做饭。平常为了省下坐地铁的钱，她每天都起很早赶公交，周末就待在家里看书、看电视。虽然她也爱买衣服，但都是去服装批发市场和商贩讨价还价。这样每月的消费就很少，结余就相对多了。时间长了，看见存折上的数字不断上涨，叶子的心里美滋滋的。

从上面的故事我们可以看出：很多像李小伟一样的人挣得虽然不少，可不会理财，花得更多，这样钱财还是离他远远的。不注重理财、不善于理财，钱财也不会去理你，也许你就要过拮据的生活。而像叶子虽然挣得很少，可是精打细算还是会有结余。不过我们还不能说叶子就是一个理财高手，因为我们还不知道她会把结余的钱用在哪儿。这还要等我们学了后面的课程才能判断叶子究竟是不是个理财高手。

看来，想让财去理你，你就必须学会理财。要知道，理财可以改善你的生活品质。

如果我们想生活得更加富足和美好，想让财富自己找上门来跟着我们，并对我们不离不弃，我们就一定要学会主动理财。

致富希望不能寄托他人

生活中，很多人都想着哪天自己钓到一个金龟婿，或者找个富婆把自己“嫁”掉，然后不用工作，想吃什么吃什么，想穿什么穿什么。嫁一个有钱的老公或者找个富婆就等于嫁给了银行。不用每天朝九晚五地上班，也不用看别人脸色生活，多好啊。可是，“银行”找到了，真的就能保证你一生幸福吗？

苏珊是个人见人爱的漂亮女孩，她有一个有钱的男朋友。毕业以后，当同学们天天徜徉于各个公司为工作奔波时，她却悠闲自在地做着“王子与公主”的浪漫梦。那时的她几乎天天徜徉于北京的各大商场，为自己选购动辄上千的时尚服饰和美容化妆品。闲暇时，她会约几个好友去喝咖啡，边喝边畅谈她“玫瑰色的人生”。望着好友们一双双为生活操劳的疲惫的双眼，她总会满脸爱怜，用充满同情和体贴的口吻劝她们找个有钱的老公嫁了。那个时候的苏珊是云端上的仙女，不食人间烟火，快乐地遨游在诗情画意的童话世界里。“天有不测风云”，没想到半年后，她的“金龟婿”又遇到了其他女孩，就和她分手了。因为毕业以后没有工作，没有工作经验，所以她去面试也屡屡受挫，现在的她连住宿都成问题，每天靠挤在好友的平房里，靠吃“小葱拌豆腐”过日子。现在的她，整天愁眉苦脸，逢人必叹：“没钱的日子真是生不如死啊！”

苏珊的“银行”跑了，她的生活就陷入了困境。因为她把自己的财富寄托在别人身上，对别人抱有幻想。苏珊不是特例，不少年轻人会把致富的希望寄托在父母或亲戚朋友身上。自己不想努力，没钱的时候就管父母要，如果自己有个富有的亲戚，就期待着富有的亲戚能给自己找个好工作。其实这些想法都是很不保险的，自己没有钱就得低三下四地看人脸色要钱花。再说，你能保证自己的“银行”收入一直稳定吗？如果哪天父母退休，富有的亲戚得病了，他们自身都难保，又怎么可能去照顾你呢？

所以我们一定要明白，只有当自己学会赚钱、学会理财了才是真正的富有。幻想依靠别人你就只是一个寄生虫。

“没钱理什么财”的谎言骗到你了吗

“我没钱，理什么财啊！”这句话出镜率实在很高，乍一听好像还很有道理，钱是理财的根本，没有钱怎么理得了财呢？可问题的关键是你真的没有钱吗？恐怕事实的真相是你只是觉得自己没有钱而已。1000万元有1000万元的投资方法，1000元也有1000元的理财方式。就算一个月收入只有一千多的人，只要他合理规划，也能体会到理财带给他的收获和满足感。

当然首先要清楚的是理财不等于投资挣钱，理财是一种规划、一个过程，这个过程可能会陪你走过大半生的时光。如果你挣得很少，更需要理财，把每一分钱都用到该用的地方，这样才能让有限的收入换来更好的生活。

绝大多数的工薪阶层都是从储蓄开始累积资金的。一般薪水仅够糊口的“新贫族”，不论收入多少，都应先将每月薪水拨出10%存入银行，而且“不动用”，“只进不出”，如此才能积少成多，方便以后的投资。当然不能低估微薄小钱的聚敛能力，就像成语集腋成裘一样，积累得多了，结果连你自己都不敢相信。

就像前面提到的叶子，叶子每月的工资实在不高，可是依旧能攒出500元钱，如果每月都攒500元，在银行里开个零存整取的账户，抛开利息不说，20年后，仅本金一项就达到了12万元，要是再加上利息，数目就不容小视了。如果能充分利用更多的投资理财工具，比如投资国债、基金或者涉足股市，再或者与其他人合伙开一家小店，那获得的回报就更加丰厚了。当然投资要注意风险的问题，如果不注重对风险的评估，盲目投资不但不会为你挣钱，还可能让你辛苦攒下的积蓄都付诸东流。

“不积跬步，无以至千里；不积小流，无以成江海”，“积少成多，聚沙成塔”。所以不要被不正确的观念蒙蔽住双眼，永远不要以为自己无财可理。

第十一章　能挣的不如会花的

把每一分钱用到实处

居家过日子，同样的钱，会买和不会买相差很多。这里就存在一个如何花钱的问题。你希望你的资金得到最大限度的利用吗？只有在恰当的时间买到合适的物品才能说是钱花对了地方。

要培养节俭的习惯，但同时要注意绕开节俭的沼泽地。“没有投资就没有回报”，“小处节省，大处浪费”，还有许多家喻户晓的谚语都说明了错误的节约不仅无益反而有害的道理。

你不能以心智的发展和能力的提高为代价来拼命节约，因为这些都是你事业成功的资本和达到目标的动力，所以不要因此扼杀了你的创造力和“生产力”。要想方设法提高你的能力和水平，这将帮助你最大限度地挖掘你的潜力。把钱花在最需要的地方，其他的问题就能轻松解决了。生活中到处都需要我们花钱，而口袋里的钱是一定的，只有把钱花到最合适的地方，才能达到“物尽其责”。

把钱花在最需要的地方，试一试，结果会大不一样。

张小姐眼下正忙着筹办婚礼，她和男友决定举办一个隆重喜庆的婚礼，买婚纱就成了当务之急。她跑了很多家商场，有的婚纱她不满意，有的合心意却又太贵，她看中的一件法国进口婚纱标价为2.8万元，一般人哪能承受得了！再说，婚纱也许一生只能穿一次，除了富豪之家，谁也不愿意为“一次”付出太昂贵的代价。万般无奈，张小姐只得到街上的婚纱出租店挑选，她选了一件和那件法国进口婚纱差不多的样式，日租金300元。她是个很爱干净的女孩子，一想到那么多人贴身穿过这件婚纱心里就不舒服，干脆自费把这件婚纱干洗了，花了280元。她总共只用580元就得到了2.8万元的效果，怎么算都挺合适。

其实，在日常生活中，有很多钱可以省，比如图书、影碟等。如果像张小姐那样只租不买，会划算很多。

有些人很爱看影碟，见到新的就买，结果也不过只看一两次，以每盘碟10元计，如果买100盘，就是1000元，但如果是租，看完100盘也不过才花200元。还有养花，有的人一时心血来潮买上几盆名贵花木回家，却没耐心养护，要不了多久花木就干枯了，白花了钱。如果与花木租赁公司签订合同就可以省钱又省心，他们会根据不同季节定期轮换送花上门，每天只浇点水就可以得到赏心悦目的效果，何乐而不为呢？

英国著名文学家罗斯金说：“通常人们认为，节俭这两个字的含义应该是‘省钱的方法’，其实不对，节俭应该解释为‘用钱的方法’。也就是说，我们应该怎样去购置必要的家具，怎样把钱花在最恰当的地方，怎样安排在衣、食、住、行，以及教育和娱乐等方面的花费。总而言之，我们应该把钱用得最为恰当、最为有效，这才是真正的节俭。”

理性消费，拒做“月光族”

当今社会，人们越来越追求品牌产品，无论是男士还是女士，都在这方面绝不吝啬。可是花着花着就脱离了理性的轨道。比如说，大家开始讲究物品是否时尚，是否流行，是否贵重，若是不够这几样，就拿不出手。可是，你的金钱能否满足这些需要？面对越来越严重的通货膨胀，你的消费是否该理性一些了？

要想理性消费，我们该如何去做？

1. 注意产品的性价比

在现今社会，理性消费有着深刻的含义。在省钱的同时，要注意自己的满意程度，注意产品的性价比。例如，你的一个同事花了3000元买了件风衣，但是又要保养，又怕弄脏，时间久了也就不怎么穿了。这并不是理性消费，3000元的风衣并没有得到最大的使用价值。

同时，过去的节俭主义，并不是现在的理性消费。如果你只是为了省钱，却买了一堆用不上的物品，那也不是理性消费。接着上面的例子，你也买了一件风衣，100元的，但是由于质量感觉不上档次，所以也没穿过几次。而另一位同事买了500元的风衣，质量很好，经常穿，这三者哪一个带来的效果更好自不必说。你可能还会因为100元的档次低，而再买一件更好的。若还没有那500元的好，你又被比了下去，那早晚你要买个500元的。而花了3000元的那位同事也可能会回过头来觉得500元的好，也再买一件。核算起来，你们两个付出的远远要超出500元，都不如同事花500元的物品的性价比高。

“只买对的，不买贵的。”这是理性消费的真正含义。既不能只图节俭而不图质量，也不能只为奢华不考虑实际。

2. 不轻易相信广告

有很多商家，为了招揽顾客做虚假广告，而消费者一般都不是行家，所以容易受到迷惑，上当受骗。价格的高低，不能说明真实的性价比，同样，广告更不能。宣传的文字，也只能见了十分信三分，且商家提供给客户的种种诱惑，只想让你更多消费。

但最后看看质量，看看效果，这种消费是否理性？

每次快到月底的时候，你的卡刷爆了；信用卡里还欠着钱；你又买了一堆平常穿不出的衣服，又要为自己小小的奢侈借债生活半个月……这时，你便陷入了自己为自己挖下的陷阱……

谁都想天天有大把大把的钱花，谁都想有个吃不光的家底。但是，有的人没那个条件还要硬撑，甚至做了一个十足奢侈的“月光族”。这是根本没有必要的！请记住，在每次买东西的时候，要不时地提醒自己——不能再做被商家宰割的“月光族”，要做理性的消费者！

花小钱过精致生活

要拥有精致的生活，当然“随便”不得，追求高品质是每个人的生活目标，但高品质不等于高消费，我们不能像有些人那样只要高兴就好。我们既要自己高兴又不能让钱包不高兴，其实合理、精明的消费完全可以经营出高品质的生活。

琳琳在结婚前装修了房子，那套美丽的新房给人的感觉是一掷万金，她并不否认自己花费颇多，但也不无得意地说自己狠狠赚了一把。

概括她的原话，大意便是：会花钱就是赚钱。此话怎讲？

原来，琳琳个性独立，创意颇多，在装修前她先是列了一份详细的计划书。不像其他人装修房子时，总将一切包给装修队，然后花上几万元落个省事清静，有空时才充当监工角色做一番检查。琳琳是将这装修当成工作的一个重要调研项目来完成的。从选料选材、看市场，到分门别类挑选工人，她足足花了两个月的时间。最后，这个新房的装修花费总价只有广告上最便宜的价位的一半！

琳琳的喜悦不单单是省了这笔本不可少的开支，更大的价值是在于完成一个自己全身心投入的工作所带来的满足感。这之后的成就感同样加倍而来：闺中密友、邻居、客户纷纷前来取经，都抢着要研究那份详细的计划书。

除了装修房子，琳琳也是个穿衣打扮的高手。在穿衣上既能穿出花样，又讲究经济实惠：花 1/3 的钱买经典名牌，多数在换季打折时买，可便宜一半；另 1/3 的钱买时髦的大众品牌，如条纹毛衣、闪色衫等，这一部分投资可以使她紧跟形势，形象不至于沉闷；最后 1/3 的钱花在买便宜的无名服饰上，如造型别致的 T 恤、白衬衫、运动夹克，完全可以按照自己的审美观去选择。有时一件无名的运动夹克，配上名牌休闲长裤，那种“为我所有”的创造性发挥，才是最能显示眼光及品位的。

有条件就要过精致一点的生活，这是一种品位，是一种格调。但是不能将精致生活同高消费、奢侈品等同起来，精致生活更主要的是用心去经营。必要的时候，还要学一些省钱的绝招：

一是定时存款。每月领到工资后要做的第一件事，就是根据这个月的开支作一个大概的估计，然后将本月该支出的数目从工资中扣除，剩下的部分存入银行。

二是计划采购。每月都要对自己该采购的东西进行一次认真、仔细的清点，如服装、日用品等，并用一个专用本子记上，然后到已经了解过行情的市场，按计划进行采购。

三是注意养成勤俭节约的习惯。这是减少日常开支的一个重要环节，比如使用一些节能、节水设施等。其实，日常生活中很多费用是不必要浪费的，这些金额看似不起眼，但长年累月坚持下来，可是一大笔钱。

四是压缩人情消费的开支。现在的社会，人情消费的花样很多，但要掌握适当、适量、适度的原则。如果自己家有事，规模应越小越好。

五是延缓损耗性开支。任何物品，只要勤于护理总可以延长寿命，提高其使用率，这无形之中就等于减少了因过早更新换旧而增加的开支。所以，要对音响、电视机、电冰箱、洗衣机、空调等大件家电以及自行车、摩托车等交通工具加强护理，延长物品的使用寿命。

六是掌握小型维修技术。要养成勤动脑、勤动手的良好习惯，对家用电器和机械物品的原理及维修知识，要争取多懂一些。同时，配备一套简易的维修工具，如扳手、钳子、螺丝刀、斧子、锯子、刨子、钉子等。电器、机械、装饰品、木器等发生一些小故障和小毛病，就可以自己动手修理。

让“出租主义”流行到你家

调查显示，都市里已经越来越流行出租主义。越来越多的年轻人选择租房、租车，里面不乏月收入高于5000元的白领。用他们的话说，我们并不是买不起，而是不愿意被“套住”——你看所谓有车、有房的“按揭一族”，天天勒紧裤腰带还贷款，节衣缩食，面如菜色，何苦呢？因此，信奉“买不如租”“长期不如临时”的人越来越多，“出租主义”在都市开始成为一种时尚。

有些年轻人已经开始打算不买房，即便有钱也是用来投资。羽落就是其中一个。

羽落和妻子小暖结婚一年多了，一直租房住。期间，双方父母曾不止一次劝他们赶紧按揭买套房子，先安定下来再说。还提前赞助了 20 万元的购房款，羽落和妻子也有 20 多万元的积蓄，支付一个一般房子的首付应该是绰绰有余了。可是羽落不这样想，他觉得自己和妻子都是高学历、高收入人员，以后到底去哪里发展还不确定，如果买了房子的话，那房子就成了累赘。况且这几年的房价也实在不稳定，到底是涨还是跌，还很难预测。担心买完房子以后就像股票一样被高位套牢，所以他们决定不着急买房，而是用来投资。

羽落将其中的 20 万元拿出来借给一个开公司的朋友，朋友按 15% 的年利率给羽落支付利息，不过为了保险起见，他们商议好了，以朋友持有的某公司法人股票作为质押，如果朋友不能到期还款，可以立即将股票过户到羽落名下。这样，羽落夫妻两人在保持较好居住条件和不影响生活质量的前提下，将 20 万元积蓄用于投资，一年可以获取收益 3 万元。而他们的房租一年还不到 1 万元。这就等于是羽落夫妻两人住着“不花钱”的房子，还年年有进项。

除了房子可以租，花鸟鱼虫这些不太起眼的小东西也可以租。不过租赁时应该选择正规商家，因为租赁时商家会要求顾客交一定的押金，并且押金一般高于出租品的实际价值，如果选择的商家不正规，万一退租时人去楼空，押金也就泡汤了。无论是花卉还是宠物，都是有生命的特殊租赁品，如果这些租赁品出现疾病、虫害等异常情况，应及时和出租方联系，因为租赁公司规定，如果客户不及时告知，由此引发的损失将由客户承担。长期租赁的人可以办理会员卡，享受一定优惠。比如，一些花卉出租公司推出了“家庭绿化年卡”，办理这种优惠卡，可享受每月更新花卉、定期上门养护等服务，使租花消费更加物超所值。

第十二章　玩转银行——银行不只是存钱罐

日常储蓄，为你支招

每当你领到薪水后，第一件事想的是什么？是快点去逛逛商店？还是为了自己的目标，有计划地储蓄？读读下面的故事，可能会给你一些有益的启发。

梁家芝是一个电视台的普通文字记者，她每月的月薪是3.5万元台币，扣掉各种开销，她一点点地积攒，竟然在不到4年的时间存了70万元台币，圆了自己出国去读硕士的梦想。

刚刚参加工作的梁家芝，遇到了大多数新人会遇到的工作瓶颈，总是觉得无力突破。为了自己的前途，她觉得需要进一步的学习和进修。可是又不想向父母或银行借钱，因此，她就萌生了要靠储蓄来积攒出这笔费用的想法。

每天，她的食宿都非常节省，也从来不买光鲜靓丽的名牌服饰。她觉得与其把钱花掉，还不如握在手中。只要一有零钱，她就积攒起来。于是，她账户上的钱越来越多，她也离自己的梦想越来越近。

终于，有一天，当她的朋友跟她开玩笑说："家芝，你存了多少钱了啊？是不是成了小富婆啦？”她才注意到，自己竟然已经存够了出国留学的钱！

很多人都有留学的梦想，但是他们可能因为种种理由而凑不到钱，从而不得不放弃。看了梁家芝的故事，你还会觉得留学是件难事吗？尽管是一点点地积累，一分分地节俭，可她还是存够了钱，圆了自己的梦想。

投资理财很重要，但投资的前提是要有稳定殷实的基础，而要积累资金最直接的方式就是存钱。生活中，由于人们会遇到各种各样的情况，你就可以根据不同的需要而选择不同种类的储蓄。例如，活期储蓄为一元起存，就适合一些较为零散的存储，且取用灵活，方便日常的各种急需。而定期储蓄主要是要收集储户手头一时用不着的零花钱，积少成多，集腋成裘，它的起存点为50元，多存亦可，存期分3个月、6个月、1年、2年、3年和5年。定活两便就是取两者之长，根据具体情况变化利率。

储蓄宜早不宜迟，越早储蓄，你就会越早得到积累的财产，越早拥有展开投资的经费。不要再相信那句“车到山前必有路”的名言了，它带给你的只会是得过且过的平庸生活。所以，马上开始储蓄吧！

时间是最好的见证人，越是年轻的人，越是能存下更多的资本！理财初期，你的钱肯定很少，必须克制自己，先存钱，才能理钱。尽管这一过程可能比较枯燥甚至漫长艰辛，但是只要你能养成储蓄的习惯，一切都是值得的。

怎样才能养成储蓄的习惯？

1．积攒零钱

很多人从小时候开始，就有很多零钱，却不会想到要储蓄，总是把这件事延迟延迟……结果到用钱的时候却发现自己手中没有攒下多少钱。所以一定要在平时就把钱存起来。为此，你可以给自己买一个小储蓄罐。一有零钱，就立刻喂到它的肚子里，用不了一两个月，它就被塞得鼓鼓的了。

2．银行储蓄

你可以强迫储蓄，就是一拿到薪水就先抽出25%存起来，长期下来，就可以发挥很好的效果。当然，方式可以不加限定，但你务必在规定的日子里把钱存到银行，以形成储蓄的习惯。

3．为储蓄设定目标

把存钱的目的写到纸上，然后把它放到容易看到的地方，使自己能时时看到目标，以起到提醒的作用。

4．不时回顾

不时地看到自己储蓄在一点点增加，体会数字逐渐变多的喜悦。时间久了，你便会感受到金钱得来不易。这些钱都是自己独立挣来的，一定要珍惜，不能随意地支配。

贷款——蜗牛沉重的壳

在生活中，曾听到这样的感叹："攒钱的速度永远赶不上房价上涨的速度！"的确，随着物价上涨，房价也飞了似的猛涨。很多家庭有房万事足，没房天天苦。要仅靠工资买房，恐怕支付不起，于是很多人想到了贷款买房。

可是，贷款后的生活就像套上了一个无形的枷锁，就像是蜗牛背上沉重的壳，让人感到心情郁闷。真是"成也贷款，愁也贷款"啊！

某杂志社的李先生，每天至少要工作14个小时。他除了自己的本职工作，还兼职做自由撰稿人。紧张的生活，压得他喘不过气来。

当问及他的收入时，他说:“大概有 5000 ~ 6000 元，可是这样还是不够。”

这完全是因为他贷款买房造成的。为了还房贷，他不得不像个机器人一样快速运转，并且想再挣些外快。正常的工作已经够让他疲惫了，再加上这些，他的生活显得要比一般人忙碌很多。到下午 6 点，李先生一下班，想到还有事情要忙，就觉得腰酸背痛，更没什么心情去吃饭休息了。

读了上面的例子，你可能会觉得深有同感。有很多这样背负贷款的人，都被巨额的还贷压力压得喘不过气。就算累得腰酸背痛，也要咬着牙硬挺。虽然贷款买房已经是很普遍的事情了，一旦你贷款的钱超过了你所能承受的范围，那就成了你的痛苦和负担了。

所以，要理性运用贷款，了解贷款过程中的一些注意事项，这样才能避免因为还贷压力而给自己的生活造成不良影响。

1. 切合实际的借贷

在贷款之前，你最好注意到你的贷款数额以及每次还贷的数额一定要与你的资产状况相符合。要适度合理地借贷。这点你必须有清楚的认识。如果你所借的数额远远超过了你的偿付能力，那你以后将不可比避免地要成为“债奴”。

2. 杜绝过度消费

你借的钱，贷的款，并不是为了满足你无止境地消费。在花钱的时候，你并不觉得奢侈，可是偿还的时候该怎么办？你必须改掉过度消费的错误习惯。否则，小钱就会变巨款，总有一天你会吃到自己为自己种下的苦果。

3. 警惕各种风险

在一波波的购房热后，不少家庭都看到，即便买了房，由于对自己的还贷能力估计过高，对金融市场上的隐性风险没有过多认识，从而忽略了利息风险、个人意外险和财产风险。结果，当被忽略的风险突然冒出来的时候，借贷者很快就感到力不从心，越来越还不起了。

本以为当初规划得十分妥当，就是没有想到这些意外因素，所以一旦出现问题，就慌了手脚。既然如此，你不如先买些意外伤害险、财产险等，以维护自己的利益，减少意外因素的干扰。

给银行卡“减减肥”

由于信用卡的普及以及各大银行种种信用卡产品的推出，城市中的人们几乎人人都有信用卡，甚至有的人身上会同时携带3到4张。可见，银行卡对于我们的生活来说，已是不可缺少的一项物品了。

洪小姐是一名公司的部门经理，每月收入上万元，不过她打理财产只靠1张存折和3张银行卡。一方面，她十分喜欢使用银行卡——携带方便，取用方便。另一方面，她知道银行卡需要理性使用才能免除后顾之忧。所以，在拥有银行卡的同时，她会拥有一个存折，来存放大额的存款，而银行卡里存放小额存款。其中一张平时消费用，另一张作资金备用卡。

而在选择银行卡上，由于民生银行开卡不需费用，且没有年费，同城取钱也不需手续费，所以她有两张卡都选择了民生银行。而另外一张选择了工商银行的卡，因为在做异地取款业务上，如果金额较小，手续费只要1元，而民生的卡至少要5元。

以前她手中也有数张银行卡，现今都被她清理注销掉了。因为一是没用上，还要交年费；二是银行卡多了，也不好打理。只留下几个常用的，就足够她平时用了。

看着令人无法抉择的种种银行卡，你可能不知道该用哪种，实际上银行卡主要分为两大种：借记卡和信用卡。

借记卡是指银行或者其他金融机构给予持卡人士的先存款、再消费，没有透支功能的信用凭证。

信用卡是指银行或者其他金融机构给予那些资信状况良好的人士，可以提前消费一定额度的信用凭证。

这些卡都有哪些特点呢？

相对来说，借记卡在使用的过程中可以享受活期存款利率，并且在日常生活中能应用自如。通常我们去商店刷卡消费用的都是这种卡，活取活用。

信用卡则能起到“提前消费”“小额融资”的作用。一般是在资金短时间内不够的情况下，用信用卡预支一部分，也就是“花明天的钱”，这样可以应急，以及时解决财务上的问题。

银行卡在手，要比过去把一大堆钱拿在手上轻便安全得多，可是那也需要你正确使用，否则它的价值不但不能良好体现，还可能到处给你添乱。现在不是出现了很多“卡奴”、信用卡诈骗、信用卡“恶意透支”等事件吗？这些都是给使用银行卡的人的最好警告。

在用卡之前，计算一下，计较一下，分析一下，就能让你的卡发挥最大功效，让你的钱得到最高效率的管理。总之，要“用好”你的卡！

“卡不在多，够用就行。”这是最明智的使用银行卡的方法。随着银行业务的飞速变化，人们的钱包中多了一堆卡，什么借记卡、校园卡、牡丹卡等，似乎是谁的卡越多，谁就更富有，谁的生活也就更现代化。

但是，没过几年，当银行向世界的标准靠拢，办理各项业务都需要手续费的时候，这些大大小小的卡就成了“吃钱”的东西。

另外，银行卡的业务现在越来越完善，一张新卡功能很可能就涵盖了过去几张旧卡的作用。你根本没必要留着那么多卡浪费资源。

种种原因，都提醒着你，你的银行卡该整理一下了！

别让信用卡“卡”住你

信用卡是一种银行发放的金融凭证，因为它是用今天的卡花明天的钱，所以使用它有一定的风险。因为，一旦你超过期限没有还钱，一方面，你的信用等级会下降，并被记录在案；另一方面，你将背负较高的利息压力，给自己添加了金钱上的包袱。

艾丽十分爱逛精品店，刚毕业的时候，她一有钱，就去买些小服饰。后来发现很多银行可以办理透支消费的信用卡，这对于每个月钱都不够用的她，简直就是莫大的喜事！于是她给自己办了好几张，然后每次都会在钱不够用的时候用信用卡。可是她总是想买最好的消费品，所以到后来还是发现自己的钱不够用。她就想了个办法——在几个信用卡之间利用偿还期的差异，拆东补西，从中间套出一部分超额消费。

不知道从哪天开始，她卡上的钱总是还不上，而从开始计利息后，负担就更重了。渐渐地，她总是在为了还卡费而四处忙碌，拿了这个上的钱还那个，再拿另一个信用卡还这个，还来还去，手头一堆信用卡，身上也是一堆卡债！于是她的生活变成了围着卡转，她也成了“卡奴”。

成为“卡奴”，是身为现代人的艾丽的悲哀，不过正像案例中所提到的那样，这个词在今天是个时髦的词，因为成为“卡奴”的人不单她一个，而是有一批人。他们对信用卡认识的局限性，决定了他们的处境。因此，是时候仔细了解一下信用卡的相关内容了。

在使用信用卡之前，我们应当明了信用卡也有其两面性。它有优点就有缺点，因此并不是你能彻底依赖的消费模式。

首先，让我们了解一下信用卡的优点。

优点：

1. 消费时不必为现金而苦恼

只要你拥有一张信用卡，透支消费2000元左右是不成问题的。所以它充当了短期应急的金融工具。

2. 融资功能

对于信用卡来说，若不用于消费，小额融资与进行风险投资一样可行。

3. 循环透支功能

一般信用卡在免息期内，如果你还了一个最低的还款额，就可以恢复部分可透支额度，在有效期内继续用卡。不过这样做将会带来更高的银行利息。

其次，大家需要注意的就是它的缺点。

缺点：

1. 并不是每笔业务都是免息

根据银行的规定，只有用信用卡直接进行消费结账时才享受最长达50天的免息待遇，如果是在银行或者自动提款机上则没有这样的优惠。

2. 昂贵的费用

若钱是在银行或者自动提款机上提取的，就从拿到钱时开始计收万分之五的日息以及手续费。如果不及时还清上面两种费用，一旦到期，手续费也要计万分之五的利息。

3. 还款期还要计算

还款期与刷卡日期、当月天数等都有关系，所以你每次都应计算好还款日期，因为每次都可能有差别。

4. 年费

信用卡还要交年费。如果一年不交，下年将会按复利计算，数目就更大了。

相信全面了解了信用卡的特点之后，你对信用卡就有了更深刻的认识，不仅要看到它可以预先支出的一面，也要看到它高额费用的一面。

第五篇

财商教育——让孩子从小就开始学理财

第十三章 利用零花钱来教孩子理财

从故事中教导孩子理财

《金羊网—新快报》上刊登了一篇泰达荷银基金关于孩子理财的文章：从故事书中教导孩子理财。我们将原文收录在这里，希望能给父母们一些启发。

每次爸爸、妈妈去出差，钱多多都会提醒说："不要忘记给我带礼物哦！"

可是，今天妈妈去出差的时候，钱多多没有再吵着要妈妈带礼物。妈妈觉得很好奇。

"宝宝，妈妈今天出差，你希望我给你带什么礼物呢？"妈妈问。

"妈妈，我不要礼物了。"钱多多认真地说。

"为什么呢？马上就要圣诞节了哦！"妈妈感到更加奇怪了。

"因为电视里说，金融危机了！爸爸告诉我，有的小朋友的爸爸、妈妈会因此失业。失业了很惨的，没钱买礼物了。所以我要节约，不要浪费，要把钱存起来！"钱多多一本正经地回答。

原来，最近妈妈和钱多多讲了一个《不能没有礼物的圣诞节》的故事。钱多多记得特别清楚。故事里面，小熊的爸爸失业了，但是圣诞节将至，不能没有礼物。于是全家动手，布置了圣诞树，小熊还偷偷地给每个人送上了一份“圣诞礼物”……全家人过了一个虽然简朴却很开心的圣诞节。钱多多已经6岁了，对“工作”“金钱”等观念已经有了一些初步的了解。他希望自己也能像故事里的小熊那样，体贴他人，而不是光为自己着想，做一个懂事的好孩子。

泰达荷银建议可以从故事书中轻松教导孩子理财。

第一步，选择合适的与理财有关的故事读本，最好是故事生动的漫画绘本，内容形象直观，孩子容易阅读和理解。比如《不能没有礼物的圣诞节》《一片比萨一块钱》等。这些书中都会涉及“钱”的概念，可以通过这些书来增加孩子对“钱”的认识，培养正确的金钱观。

第二步，安排一个时间，和孩子一起看书，在孩子兴致很高的时候，与孩子交谈书里的内容。比如看《一片比萨一块钱》这本书时，家长可以和孩子讨论“钱是什么”“钱是怎么来的”“一块钱可以买到什么”之类的有趣话题。而看《不能没有礼物的圣诞节》这本书时，家长可以提问孩子：“小熊的爸爸为什么没有钱给他们买圣诞礼物了呢?”通过孩子的回答，告诉孩子，“钱”是爸爸、妈妈辛苦上班挣来的，来之不易，所以我们花钱要节约，不要浪费。

第三步，等孩子对“钱”的概念有了初步的理解后，可以通过故事书中延伸出的一些小游戏，共同完成这些游戏来进一步帮助他们树立正确的财富观念。如通过“逛超市”游戏，来培养孩子如何用钱交易；通过“大富翁”游戏，来引导孩子理解怎么挣钱，又该怎么花钱，什么是“储蓄”以及“消费”和“投资”的区别等更深奥的话题。

泰达荷银指出，年轻父母应注意的是，在和孩子进行有关钱的沟通时，一定要注意方法和语气，要让孩子感受到父母对他们的关爱，让他们在认识钱的同时，体会到人情比金钱更可贵的道理。

利用小机会教孩子理财

培养孩子的理财技能并不是一件困难的事，生活中总是会有很多小机会，只要父母多多留心，就能抓住这些教孩子理财的好时机。

下周就是遥遥7岁的生日了，妈妈问她想要什么礼物，遥遥想了想说："妈妈我想在比萨店过生日，请小朋友们一边吃比萨一边玩，多好啊。上次豆豆生日是在麦当劳过的，小朋友都说豆豆真大方，都很羡慕他呢。"

妈妈一听，这孩子是想和豆豆攀比呢，可不能助长她这种心理。于是妈妈对遥遥说："宝贝，其实生日在哪过并不重要，只要跟你喜欢的人一起过就很有意义。我们可以选一种独特的方式来度过生日，这样更能给小伙伴留下深刻的印象。"

"什么独特的方式呢?"遥遥不解地问。

"你可以自己做主人，在家里好好款待小朋友啊。"妈妈回答。

遥遥想了想："好的，就这样吧。"

遥遥的妈妈及时发现了孩子的不良心理，并利用这个机会给孩子上了一堂理财课。

如果父母们遇到类似情况，可以效仿遥遥的妈妈的办法给孩子提供更多可选择的意见。如果孩子喜欢小动物，可以建议孩子在动物园度过生日；如果孩子喜欢运动，和小伙伴一起来一场体育比赛不是很有意思吗？如果孩子比较大了，父母也可以给他多一些的自主权利，比如给孩子规定一个开支的限度，让他们自己决定用怎样的方式来庆祝，而且整个过程都交给他们来安排，锻炼孩子独立能力的同时，让他学会做预算。

“妈妈，我想要这个。”超市里，灵灵指着一个超大号的毛绒玩具对妈妈说。

“灵灵，这个玩具很贵。而且，你已经有很多玩具了。”妈妈有点不耐烦。

“妈妈，是不是我们家很穷，买不起这个玩具？”灵灵的问题又来了。

“不是，只是妈妈的预算中没有要买这个玩具的想法。”妈妈回答。

“预算？什么是预算？”灵灵的注意力转移到这个词上面。

听到灵灵这样问，妈妈想：不妨就利用这个机会跟她讲讲什么是预算，也好让孩子明白花钱是要有计划的。

《钱不是长在树上的》一书的作者尼尔·古德弗雷说：“家长一定不要对孩子在金钱问题上说谎。”例如，你不想给孩子买他们想要的东西时，可以说“这个月我没为这样东西做预算”，或者直接告诉他“我不准备买这东西”，而不要用“我们买不起”作为搪塞的理由。因为你要在孩子面前表现出，你在控制金钱，以帮助他们树立起对金钱的健康态度，就像灵灵的妈妈的做法。所以，当孩子向父母提要求想买什么的时候，不要一味回绝，或许这正是一个教孩子理财的好机会呢！

古德弗雷说：“孩子们开始时通常不能理解为什么一定要这么做，但是你得帮助他们养成良好的习惯，这对他们今后的人生至关重要。”

给孩子独立决策的权利

中国的父母对孩子总是不放心，恨不得什么事都替孩子决定，买什么东西、上什么学、从事什么样的工作……其实，孩子有自己的想法和意愿。在购物方面，父母通常只能控制 3 岁以下孩子的购买行为，随着孩子的成长，对物品有了自己的感觉，就会要求按照自己的意愿来选购。这时，父母应该适当放权，给孩子独立决策的权利，锻炼孩子拥有独立处理事情的能力。所以，当孩子有独立需求的时候，父母千万不要压制，一定要鼓励，要相信孩子的眼光。

爱因斯坦说过："发展独立思考和判断的能力，应当始终放在首位，而不应当把取得专门知识放在首位。"当前发达国家已经把培养幼儿的思考能力放在教育的首位，鼓励孩子进行创造性的思考，独立解决问题，自己作出决定，这对孩子的成长具有举足轻重的意义。

我们也应该让孩子早一点养成独立思考的能力，拥有自己的见解，少跟孩子说"记住妈妈的话"之类的，让孩子学着说："我认为……"这不只是语言上的一种差别，其本质上代表着孩子拥有了独立的思考能力与观点，是孩子成长过程中思维和判断能力的进步。

我国的教育思想还停留在"听妈妈的话就是好孩子"的层面，这就在一定程度上限制了孩子自主意识的发展，在很多事情上都要按照父母的意见进行，而没有进行独立的思考。而要培养孩子独立决策的能力就要让孩子学会说"我认为……"鼓励孩子说出自己的观点和认识，表达自己的想法和做法，只有先在观念上有所突破，才能有独立的行为。

所以，当父母带孩子购物时，可以问孩子需要什么，然后让孩子自己去挑选，只要孩子挑选的物品基本合理，家长就不要横加干涉，而应该给予孩子信任与鼓励。如果孩子选择的物品有些贵或者不是非常实用，父母也不要责怪孩子，而是给孩子解释最好不要选择这个物品的理由，这样更能加深孩子对合理消费的体会，也是非常好的理财教育方法。

第十四章　给孩子钱不如教会孩子赚钱的技能

让孩子学会支配零花钱的10个好习惯

孩子理财中很重要的一项就是对零花钱的支配，有人总结了让孩子学会支配零花钱的10个好习惯，父母可以此为参考，有意识地教导他们。

（1）教孩子妥善保管自己的零花钱，不要随便乱放。

（2）未经允许，不能随便拿父母的钱。帮父母买东西时，找回的零钱应及时上交。如果买了需要的东西，要跟父母说明。

（3）零花钱怎么花要有安排，不能只买一些没用的玩具和零食。

（4）零用钱可以用来买一些有益的课外书，但不能买来就扔在一边根本不看。

（5）零用钱不可以用来去网吧玩游戏或做一些有害无益的事。

（6）零用钱可以用来救助那些急需帮助的人。

（7）如果需要用到钱而恰好自己没带的时候，可以先向老师或同学借，然后及时归还。

（8）应牢记家长赚钱不易，不可以用零花钱攀比。

（9）用自己省下的零花钱为家长或师长买能代表自己心意的礼物。

（10）学会记账，记录自己的零花钱都用来买了哪些东西以及那些东西的价格。

这些习惯都是家长在教孩子支配自己的零花钱时应该注意的，但我们不提倡用硬性规定的方法。习惯是需要慢慢培养的，只要家长有意识地去引导，相信很快就会变成孩子自觉的行为，这时理性的消费习惯也就形成了。

让孩子明白家里的财务状况

很多父母不愿让孩子了解家里的财务状况，一方面是觉得孩子还小，怕他理解不了；另一方面是怕过多地接触钱的话题，孩子会变成一个俗气的“小财迷”。其实让孩子了解家里的财富状况有很多好处，不仅有利于培养孩子的理财意识，如果孩子知道家里并不富裕，还会有意识地限制自己的花销，养成节俭的习惯。

张眉和丈夫都下岗了，日子一下子拮据起来，但是他们为了不影响孩子的学习，没有把这些事告诉孩子。快过春节了，家里的钱已经不多了，张眉还在和丈夫发愁以后的生活怎么办时，儿子又来要零花钱了，开口竟然是1000元，说好几个同学都买了新款的耐克鞋，他也想买。张眉没有直接拒绝儿子，只是跟他好好谈了一下家里的经济状况。后来，已经读初二的儿子开始处处节省，再也不像以前那样和同学攀比了。

从上面的例子我们可以看出：让孩子明白家里的财务状况有利于培养孩子正确的理财观念。中国的孩子到一定年龄一般都会有自己的零用钱，每到春节还会有一笔压岁钱。这些钱一般都是由孩子随意花用，或者由父母代为安排。身为父母，许多人自己粗茶淡饭，但对孩子有求必应，有意无意地养成了孩子花钱大手大脚、盲目攀比、无节制消费等恶习。而在美国，是通过理财教育，让孩子生活在一种具有强烈理财意识的环境中，对自己的零花钱作出合理、合情的计划与安排，逐渐养成善于理财的品质和能力。尽管社会背景、家庭条件有别，但向孩子们传授一些如何认识金钱、如何使用金钱的常识，让他们树立理财意识，而不是没钱了向父母伸手、有了钱便胡花乱用，都是十分迫切和必要的。

让孩子了解家里的财务状况，还有利于培养孩子的责任感、义务感和自我控制能力。家庭富足也好，贫穷也罢，要让孩子知道“天上不会掉馅饼”，要想有钱，就得辛勤付出；跟父母要钱，要养成节约的习惯，懂得父母的辛苦，学会控制自己。对于那些并不富裕的家庭来说，尤其要让孩子懂得，父母的钱来之不易，不要和别人攀比。实际上，许多孩子花钱如流水的恶习，都是由于父母不尊重孩子对家庭经济状况的知情权，或者对孩子过分放纵造成的。如果早点像例子中的张眉那样告诉孩子家里的实际状况，很多孩子还是会幡然醒悟，逐渐养成良好的消费习惯的。

所以，不要给孩子制造“繁荣富足”的假象，不要以为这就是爱孩子，将家里的经济情况对孩子坦诚相告，培养孩子正确的金钱观念和良好的消费习惯，这才是对孩子真正的爱。

引导孩子正确支配零用钱

零花钱给到孩子手中，就是属于孩子的了，父母应该给孩子自主支配零花钱的权利，但这不意味着父母就可以完全放手了，更不宜横加干涉，而应该给孩子正确的引导，帮助孩子学会理财，逐渐养成良好的消费习惯。

首先，父母应帮助孩子树立正确的消费观念，制订合理的消费计划。

所谓零花钱，就是可以由孩子个人自由支配消费的钱。有些孩子认为，父母给了零用钱，就是让随便花，教师、父母用不着多过问。这种想法是不对的，父母应该告诉孩子他还没有赚钱的能力，他花的钱都是父母辛辛苦苦赚来的，不能浪费不能乱花，消费要有一定的计划性，不能盲目冲动，想买什么买什么。

制订消费计划时，父母可以跟孩子一起商量，充分考虑孩子的要求，给出建议和参考意见，让孩子买更实用的、更适合自身的东西。

消费计划建议包括：用钱的数目、时间、详细的用途（如给自己购买的玩具、学习用品等；节日给父母及其他长辈购买的小礼品；帮助经济上有困难的小朋友等）。消费计划一旦制订，就一定要按计划执行，父母要定时进行小结，起到监督的作用。

其次，教会孩子用合理的方式向父母提要求。

有些娇惯的孩子在要求不被满足时，习惯用哭闹、躺到地上打滚或踢打父母来解决问题。面对这种孩子，父母首先应该改变对孩子过分娇惯的教育方式，告诉孩子跟父母提出要求时应该用合理的方式；

否则即使要求本身是合理的也不予满足。

再次，教孩子记账。

这是最基本的理财技能。可以让孩子设立个人记账本，记下每天花了多少钱，都买了些什么。这样一方面能让孩子更清楚地了解自己零花钱的去向，检查哪些花销是合理的，哪些是可以避免的，改变盲目消费的坏习惯；另一方面，记账本身就是一种重要的生活技能，掌握这种技能对自己长大后的生活也是有益的。

最后，培养孩子勤俭节约的生活习惯和储蓄习惯。

现在生活水平提高了，很多孩子认为艰苦朴素、勤俭节约的年代已过去了。父母应告诉孩子虽然现在生活好了，但还有很多落后地区的孩子生活很艰苦，甚至吃饭都困难。如果每人少花一元钱，积攒起来就能帮助别人。还要鼓励孩子养成储蓄的好习惯，并设立简单的奖惩制度。如果孩子将一部分零花钱节省下来进行储蓄，父母可以对孩子进行适当奖励；如果乱花钱的现象还是比较严重，就可以通过扣除一部分零用钱的方法来表示惩罚。

给孩子自由支配零花钱的权利，教孩子养成合理消费的好习惯是孩子学会理财的开始，父母作为孩子的第一任老师和孩子身边的“理财专家”，一定不能忽略孩子理财技能的培养。

如何对待孩子的压岁钱

按照中国的习俗，每年春节，孩子们都会收到压岁钱，以前生活水平低，人们给孩子的压岁钱少则几角，多则几元，孩子没花几次就花掉了，根本不用理财。但现在生活水平提高了，孩子们的压岁钱也越拿越多了，很多孩子一个春节拿到的压岁钱比父母一个月的工资还多，甚至多达数万元。对于如此大的金额，孩子还不具备独自理财的能力，父母应该帮助孩子进行合理支配。

目前，父母处理孩子压岁钱的方式多为以下几种：

第一，一律没收。

有的父母认为孩子收到别人的压岁钱，自己也要给别人的孩子压岁钱，这是礼尚往来。所以，孩子的压岁钱应该交给父母用来给别人的孩子，这是理所当然的。

第二，由孩子自由支配。

有的父母认为孩子的压岁钱就由他们自己支配，想买什么买什么好了，反正也不是很多，几百块钱而已，就当给孩子的零花钱了。

第三，给孩子留下一部分，其他父母代为保管。

对于稍大一些的孩子，很多父母会采用这种处理方式：一部分由父母支配，另外一部分留给孩子作为零花钱，培养孩子的理财能力。

第四，帮助孩子将压岁钱存入银行。

有的父母会将孩子收到的压岁钱以孩子的名义开个账户存入银行，作为孩子将来的教育费用。

这几种处理方式有利有弊，针对这个问题，专家给出了更加科学合理的建议：

首先，要根据孩子的年龄决定压岁钱该怎样处理。

父母处理压岁钱的方式，应该根据孩子的年龄段而有所区别。总体说来，孩子的年龄段可以分为3个阶段，处理压岁钱的方式相应分为3种。

第一阶段是6岁以下的儿童。这个年龄段的孩子对钱没有太多的认识，所以这个阶段孩子的父母，应该将孩子的压岁钱代为保管，或者存到银行作为孩子未来的教育基金，或者给孩子购买保险，或者留着贴补家用等。

第二个阶段是7—13岁的孩子。这个阶段的孩子已经开始了解钱的意义，愿意持有钱。对于这些孩子收到的压岁钱，父母不能随便没收和充公，可以教孩子处置压岁钱，比如带他们去把压岁钱存入银行，或者带他们用压岁钱去书店买书，或者将压岁钱捐赠给福利机构等。

第三个阶段是13—18岁的青少年。这个年龄段的孩子对于金钱非常敏感，持有压岁钱的欲望也非常强烈，他们甚至认为压岁钱是他们赚来的，应该由他们自己支配。所以，对于这个年龄阶段的孩子，父母应该尊重他们对压岁钱的支配意愿，注意引导，并且可以和他们商量怎么使用压岁钱，切忌放任不管。

其实，孩子的压岁钱并不难处理，只要掌握了正确的方法，压岁钱完全可以成为对孩子进行理财教育的良好契机，这对孩子将来的成长起着重要的作用。

第十五章　教孩子如何管理自己的“小金库”

培养孩子存钱的习惯

当孩子手里有一些钱，如何让他们储存起来而不是花掉去买一些毫不实用的东西呢？这就要让孩子养成存钱的习惯，我们这里就给各位父母提供几条培养孩子存钱习惯的妙计。

第一，及时储蓄。

有时我们发现，如果一笔钱不及时储存，就会慢慢花得没有储存的必要了。所以父母要帮助孩子及时把钱存起来。在孩子 3 岁的时候，父母就可以和他在家里玩存钱游戏，让孩子把钱存在自己的存钱罐里。到孩子 5 岁时，父母可以在家里成立“银行”，父母便是银行的工作人员，鼓励孩子把钱存在家里的“银行”里，给孩子一张手写的存折。孩子再大一点时，就可以由父母带着一起去真正的银行开个账户，让孩子养成第一时间把钱存起来的习惯。

第二，用动力激励储蓄。

当孩子希望得到某种东西时，你可以把那个东西变成一张图片，贴在孩子经常可以看到的地方，让他每天能够看到自己的目标，这样孩子的储蓄热情就会大大增长。为了很快得到自己想要的东西，他会很自觉地积极储蓄。当孩子通过储蓄的方法实现愿望后，他就会发现储蓄的好处，而且更懂得珍惜自己所拥有的。

除此之外，父母应实施多重激励办法，帮助孩子坚持储蓄。如每当孩子储蓄一块钱，父母同时存入一块钱，使他得到双倍的金钱。而且，当年终的储蓄达到一个指定的金额，便可以获得一定的奖金，储蓄额越高，奖金额也越高。比如，孩子每年储满500元，就可得到100元奖金；储满1000元，得到250元……

第三，让孩子体会钱的来之不易。

有些孩子对钱多少的概念很淡漠，手里即使有100元也可能一会儿就花光了，当你教会孩子把一角一元的钱储存起来的时候，他就能体会到钱的来之不易，从而更理解父母赚钱的辛苦。

第四，合理地花钱。

如果你已经开始给孩子零花钱了，就应该提醒孩子总是少带些钱在身上，并且在花钱之前想一想这些东西该不该买，而且父母需要适当监督孩子零用钱的支出，并对其作出评论，这些钱花得是否正确、合理。并且提醒孩子每天节省下一些钱存起来，待存的钱达到一定数量，可以用来买一件自己需要的东西。

培养孩子存钱的习惯是需要在生活中慢慢灌输的，开始的时候可能收效甚微，但是父母一定要有耐心，坚持下去，因为任何一种习惯的形成都需要一段时间的培养，而一种习惯的形成，会影响孩子的一生。

带孩子去银行开个账户

到孩子六七岁的时候，父母就应该鼓励他们将自己存钱罐里的钱拿到银行存起来。在孩子把钱存入银行之前，有些概念是应该先向他们解释的，如什么是银行，为什么要把钱存到银行，为什么存款会有利息等，让他们慢慢学习开户、存款、提款的流程；然后让孩子决定，打算把多少钱存入银行，到底是储蓄罐内的所有，或只是其中的一部分。

到达银行的时候，父母可先向子女介绍银行的环境，例如银行的办公时间、门外的自动提款机等，然后正式开设第一个储蓄账户。由于孩子要成为银行的客户，所以需要填写一份申请表，这点可由父母帮忙。当孩子收到银行的存折后，父母应该向他们解释清楚，存折内各项的细节，每一笔存款及提款的资料，及最后一行的余额等。

当孩子拥有储蓄账户后，还有一点要向他解释清楚，那就是利息的定义。父母可与孩子做一些模拟的计算，让他知道当钱放在银行之后，是会越变越多的，这对孩子无疑更有推动力，愿意把更多的钱存进银行的储蓄账户。

平时，父母去银行办理业务时，也可以带上孩子，这样孩子有更多的机会接触到存折或者银行卡，虽然他还不能完全理解这是怎么回事，但大部分的孩子还是羡慕并渴望像大人一样拥有一张属于自己的小卡片，并使用小卡片独立购物。

给孩子办理存折或银行卡有两个好处：一是能够让孩子充分理解钱并不是随便就可以从银行里取出来的，而是必须先挣钱、攒钱、存钱，然后才能从银行取钱。二是能让孩子知道储蓄能够获得多余的利息，体会“钱能生钱”的道理。

在孩子拥有了自己的独立账户后，孩子的理财技能学习与训练才真正开始了。父母应该密切关注孩子对这些钱的支配，引导孩子理性消费：该消费时就消费，该节约时就节约。

当然，拥有独立账户的孩子也可能发生另一种极端，认为这些钱是我的了，我就要节俭，于是捂紧了自己的钱包，一分钱也舍不得花。父母不要认为这是一种好现象，这样下去，孩子可能会变得吝啬小气，这也不是正确的理财态度。所以父母应该告诉孩子：储蓄只是一种存钱的手段，该买的东西还是要买，不能为了攒钱就过分克制自己。

从一角硬币开始

杰克早年并不富有，他的生活是艰难的。但即使经济不宽裕，他的母亲一旦有了额外的钱，总会为孩子们买点什么。母亲或许是想让他们多享受生活的乐趣，但杰克认为：他们总是一有了额外的钱就把它花掉，因此他们从来没有多余的钱可以存下来。

当杰克开始赚到可观的钱的时候，他注意到即使他的收入高了许多，但是每到月底仍然是一毛钱不剩。

后来，杰克想投资置产。他知道这至少需要 3 万美金的现款，但杰克一辈子也没有存过那么多钱。所以他制定出一个时间表，想在 6 个月以内存够钱，一个月要存 5000 美元。这个数目似乎很遥远，但是杰克凭着信心就这么开始了。

有趣的事开始发生了。因为杰克专心生财并且保住他赚到的 5000 美元，他愈来愈注意到他常把自己的钱轻率地随处散掉。他也开始留意到一些以前没有注意到的机会。他还想到，他以前在工作上只会投注精力到某个程度，现在由于他必须有额外收入，必须在所从事的事上多放入一点精力、一点创造力。他开始冒比较大的风险，要客户为他的服务支付更多的代价，为他的产品开发新市场。他还找到了利用时间、金钱和人力的方法，以便在较少时间内做完更多的事情。很快地，杰克的财富一步步地累积了起来……

杰克的经历告诉我们：储蓄其实是一件很容易的事，只要你下定决心去做，哪怕开始时身无分文，只要坚持下去，也能积累大量的财富。

孩子的储蓄也是如此，最初往往是从几分、几角开始，慢慢越来越多。但现在很多孩子根本不把几分、几角钱放在眼里，一角的硬币掉在地上甚至都懒得捡起来。这些事情看似不值得计较，但如果不加重视，可能会发展成一生的坏习惯。所以，父母应该教育孩子：每一分钱都很重要，都需要好好珍惜。要让孩子在一开始认识金钱、学习理财的时候，就形成这样一种思维观念：每一分钱都是宝贵的，财富是积累得来的，存钱的重要意义就在于“积少成多”。

据中国香港报纸报道，有一个年轻人，他每天都把口袋里的硬币掏出，扔到家里的一个大木箱里，年复一年，当他的木箱放不下的时候，他打电话叫银行来兑换零钱，据银行工作人员清点，这只大木箱内共有23124元港币！年轻人很高兴，他说这样存钱不辛苦，也没有压力，以后还要这么存下去。

确实，虽然每天只是存几个硬币，但积少成多，时间长了也是一笔不小的财富，而且不会感到储蓄的压力。这种方式很适合孩子，不用作计划，也不用定期清算，省时、省力、省心。对于每个人来说，每天存几个硬币都不算难事，算一笔账，如果每天存一个1元的硬币，1年就是365元，10年就是3650元。孩子如果从3岁就开始储存，到18岁的时候，这更是一笔不小的财富。

富兰克林说过：“注意小笔开支，小漏洞也能使大船沉没。”所以不该浪费的一分钱也不能浪费，该省的钱一分也要省下。而且，省下一分钱比挣一分钱要容易得多，节省下来的钱也是利润，积少成多，不起眼的几分、几角也能汇成几千几万。不要再犹豫，从现在开始储蓄吧。

像玩游戏一样教孩子理财

一位银行家的儿子获得博士学位后，改信了基督教。这件事深深地伤了这位犹太教徒的心，尽管两个孙子经常来看他，他仍然闷闷不乐。

一天，银行家看到两个孙子在玩纸牌，便问他们在玩什么游戏。

“我们在玩银行家的钱。”孙子不假思索地说。

老头一听，喜形于色：“孙子身上仍然是我的血脉！”

犹太人注重金钱，认为金钱是现实中万能的上帝。金钱在他们眼中显得无比神圣，但是在赚取金钱的时候，他们把金钱当作一种很好玩的物品，像玩游戏一样来赚钱。

其实，父母在教孩子理财时，也可以像犹太人那样，把金钱看作一种好玩的东西，把教孩子理财看作一种游戏，将理财知识或理念融入游戏过程中去。

可以说，在孩子理财技能的培养方面，父母扮演着多重角色，有时是老师，有时是合作者，有时甚至是玩伴。单纯的说教可能根本起不到应有的作用，所以父母应该学会在陪孩子玩耍的过程中，一点点地向孩子渗透理财理念，寓教于乐，效果反而会好过苦口婆心的教导。

下面我们看看文文的奶奶是怎么做的：

我看有关儿童教育的书，说在开发智力时还要重视情商和财商。情商是讲人际相处之道，财商指什么，我也不太了解，但自从有了孙女文文后，我也开始尝试开发她的财商。

文文两周岁之后已能够认识币值，并知道拿钱买东西。这时，我决定适时对她进行认钱、知钱、花钱、挣钱与存钱的财商教育。

认钱。文文两岁时，玩什么扔什么，有时连钱也扔。我就告诉她：这是钱，是爸爸、妈妈的劳动所得，要珍惜。

花钱。所有的孩子在懂事之后，都会知道钱是好东西，能换来吃的、玩的、穿的、用的，但怎样让孩子真正对花钱有清醒理智的认定、树立些相对比较正确的观念是很重要的。

我给文文买小食品时，常常让她自己交钱。如买奶油雪糕、果汁、酸奶等，都是1元钱1份，我都试着让她自己交钱：如果她想买1份，就交1元钱。进一步，如果给她拿2元钱，她也知道找回1元。买普通冰棍，1元钱可以买两支，她自己吃1支，给我1支。

知钱。文文3岁半时，一度很喜欢扮成售货员，把家里一切东西拿来卖，还学会了讨价还价，而我扮演顾客。

“文文，这个东西多少钱啊？”

“1000块钱！”

“太贵了！便宜点好不好？”

“好吧，那你说多少钱呢？”

“一块钱吧！”

“好！给你了！”

挣钱。4岁半时文文上幼儿园了，她知道爸爸、妈妈每天上班挣钱，有时会说：“我长大了，也要上班挣钱啊！”我便因势利导：“你现在就可以和奶奶一起劳动挣钱。”于是，我和文文一起把家里的易拉罐、果汁瓶等收拾好，拿到楼下卖给收废品的，换了钱买小食品。从此，文文就主动攒这些东西卖钱，并知道了“废品换钱”的含义。

存钱。6岁时，文文开始上学前班了，春节家人给了她压岁钱，她妈妈给她买了个存钱罐。我告诉文文：“这些钱今后归你，由你支配。但你要注意节约，年终奶奶是要查账的。”结果，文文自己买了个小账本，把自己的每笔消费都记在账本上。到了年终，我联合她妈来“查账”：账面非但没有赤字，还节余215元。我又提高要求：“你的学杂费也自己承担吧。”结果，从小学一年级到初中毕业，文文的学杂费和零花钱都是她自己用压岁钱来支付的。有时候想买什么，我们也让她自己决定。

从文文奶奶的经验中，相信父母们都可以得到启示：对孩子的理财教育其实并不一定非常刻意，否则可能引起孩子的反感。教孩子理财完全可以渗透在日常的家庭生活之中，一句话、一件小事或者一个小游戏的时候都是很好的机会，孩子就会逐渐形成良好的理财习惯。

借钱给孩子，培养贷款观念

生活中，几乎每个人都会与他人发生借贷关系。有时是我们借别人的钱，有时是别人借我们的钱。这种关系同样存在于父母与孩子之间。相信很多父母都有这样的经历——孩子想买一样东西，但零花钱不够，他往往会开口向你借钱；你想买一件小东西，碰巧身上没有零钱，你也会向孩子“伸手”。这样的行为实质上就是借贷行为——孩子向你借钱，你向孩子借钱。

但是一般父母不是很认同与孩子之间存在的这种借贷关系，当孩子向父母借钱的时候，父母会认为孩子跟自己要钱是理所当然的，自然不会想到要孩子还钱；而当父母向孩子伸手借钱的时候，更会觉得“孩子的钱还不是我给的”，当然用不着还。其实，这些都不是处理与孩子借贷关系的正确方法。不要孩子还钱，就不利于孩子理财观念的培养，他会存在“没有钱可以向爸爸、妈妈要”的依赖思想，就不会合理地支配自己的零花钱；如果你借了孩子的钱不还，就会失去孩子对你的信任，时间长了，孩子就不再愿意把钱借给你。

或许，很多父母会认为如果和孩子之间的借贷关系分得太清楚，恐怕会淡漠彼此间的亲情。这种顾虑并非没有道理，但只要掌握好尺度，就大可不必担心。父母在和孩子进行金钱来往时，要让孩子明白这样一个道理：金钱和感情不能混为一谈。很多感情是金钱所不能取代的，比如爸爸、妈妈的爱，爷爷、奶奶的爱，同情心等。只要端正了孩子的思想，就可以大胆地面对与孩子的借贷关系。

父母和孩子发生借贷关系时，要为孩子树立正确的借贷思想，那就是有借有还。不管是孩子借了你的钱，还是你借了孩子的钱，都一定要还。如果孩子没有还钱的意识，在父母三番五次地提醒下仍不还钱，下次当他再借钱时，父母就可以果断地拒绝他，并告诉他，他已经失去了诚信，同时失去了借钱的资格。与此同时，父母要多给孩子讲讲生活中有借有还的重要性。比如向银行借钱，没有按时归还，银行可能会拍卖抵押物，或者降低你的信用度，当你再次借钱的时候就不可能成功。让孩子明白因借钱不还而失去的东西，绝对比金钱本身重要。

除了要培养孩子有借有还的观念，还要让孩子明白借贷的利弊。现在社会上有很多“负产”阶层，他们大多喜爱提前消费，用明天的钱来享受今天。这样做当然是有好处的，但也很容易被巨大的债务压得喘不过气。父母应该通过借贷关系让孩子明白：还债是一件痛苦的事情。比如，刚刚让孩子领了零花钱，你就立即向他讨要欠下的债务，让他切身体会昨天享受了，但今天就必须为昨天的享受付出代价。同时，要教会孩子在自己现有的资金范围内合理消费，尽量不要提前消费。

如果孩子确实有借贷的需要，父母也应大方地把钱借给孩子，当然这些钱是要还的。但是如果孩子借的钱过多，即使把下个月、下下个月的零花钱全还上也不够。这种情况该怎么办呢？有的父母可能会将孩子每个月的零花钱全部扣发，直到还清为止，这种做法并不可取。

首先，孩子还钱，最好不要由父母直接扣发，而是父母把零花钱发给孩子，同时要求他利用零花钱来还债。只有这样才能让孩子切实体会到借贷还钱的滋味；其次，孩子每个月也会有一定的花销，父母扣发孩子全部的零花钱会让他陷入困境，引发不满。所以更好的做法是，将零花钱照常发给孩子，然后让他从中拿出10%或20%来“分期付款”，这样既能让孩子坦然面对债务，又能让孩子体验不同的还款方式。

从小就培养孩子的借贷意识，孩子长大后才能正确处理生活中的借贷关系，摆脱“负产”阶级的窘境，可以说，从小树立孩子“有借有还”的借贷思想，是孩子一生的财富。

第六篇

聆听财富故事——领略超级富豪的财富人生

第十六章　穷人与富人只有1%的不同

李嘉诚：世上没有贫穷，只有财富

富豪档案：

姓名：李嘉诚

1928年7月29日，出生于广东省潮州市。

1950年，创办长江塑胶厂。

1958年，介入地产市场。

1967年，以低价购入大批土地储备。

1972年，长江实业上市，其股票被超额认购65倍。

1979年，长江实业宣布与汇丰银行达成协议，斥资6.2亿元，从汇丰集团购入老牌英资商行——和记黄埔22.4%的股权，李嘉诚因而成为首位收购英资商行的华人。

1995年12月1日，被（香港）国际潮团联谊会推举为大会名誉主席。同年，长江实业集团3家上市公司的市值，总共已超过420亿美元。

1999年，《福布斯》世界富豪排名榜中位列第十，是亚洲首富。

2000年，长江实业集团总市值约为8120亿港元。

华人首富李嘉诚我们众所周知，他的创富人生是一个传奇故事，他也造福了中国千千万万个家庭。在他的奋斗历程中，“财富”二字熠熠生辉。曾经的贫寒和磨难，给他的财富之路奠定了坚实的基础，在这位富豪的身上印证了“世上没有贫穷，只有财富”的论断。

每个人的一生都不可能一帆风顺，总会遇到各种挫折，关键是看你能否激发自己，从中站立起来，然后挑起人生大梁。钢铁大王卡内基说过一句话：“我绝不怕贫穷，但是我怕心中贫瘠。我最需要的是激发自己的挑战贫瘠的能力。”这句话，说得很有志气，非常刚毅，是成功者的人生经验。李嘉诚先生早年虽然生活困苦，然而面对人生的坎坷，他相信自己的能力。在他看来，成大业者必须勇于激发自己，要努力站起来，否则会遭到失败的折磨。但是要做到这一点，是非常困难的。换句话说，成功就是对自己一切坎坷的挑战，成功的过程是一个艰辛的过程，是对一个人心智的锻炼和各方面综合素质的锤炼，但凡从挫折中站起来的人都不是我们表面看到的简简单单的面孔，这些面孔的后面有着无以言表的背景和经历。

李嘉诚最初的理想是当一名教师，而不是商人，如果不是迫于无奈，他是不会去从商的。也许是时势造英雄，李嘉诚从商后义无反顾，搏击商海，成为香港首富、华人首富。早期的挫折使李嘉诚从小就感受到生活的冷酷，但也因此炼就了他坚韧的性格。

从温馨而祥和的书香之家，到颠沛流离的寄居生活；从衣食无忧到辍学谋生、养家糊口；从小学徒到推销员；从长江塑胶厂厂长到“塑胶花大王”；从长江置业有限公司到长江实业（集团）有限公司……

几十年来，李嘉诚在香港商业社会中凭着他顽强的意志、过人的天赋、诚实善良的秉性，在商海里博得一席之地，并始终顽强拼搏，终成为当今世界华人中最富有的人。

人生的幸与不幸，只能让历史作结论。苦难和贫穷未必不是成功的阶梯。

李嘉诚后来回忆说，从商之初，他的理想依然是“赚一大笔钱，然后去搞教育”。从商实在是身不由己。

有人是为环境所逼、有人会自己逼自己，逼了就有动力了！这些人是怎样的一种人？但也有的人，环境和他自己都逼不动他，这是为什么？这些人又是怎样的一种人？李嘉诚究竟为何能在商场上屡战不败？

“在进入社会开始工作的日子里，我有韧性，能吃苦，因为我不计较个人得失，只是努力工作，努力向上，再加上忠实可靠，反而一路进步，薪水一路增加。”李嘉诚如是说。

生活中，每个人都会遇到生活的重压，有些人由于承受不了而失败，有些人则敢于挑战，最后获得了成功，李嘉诚的成功正是挑战人生激越的巅峰。

从以上对李嘉诚财富之路的探究我们可以知道，“世上没有贫穷，只有财富”。要想取得成功，作出非凡的成就，产生伟大的创造，就必须认识贫穷，进而改变贫穷。种种的环境只是财富路上的试金石，人从出生的那一刻起，就受着环境的影响，环境决定一个人的发展，决定一个人的性格，对一个人的成长有很大的影响！

李嘉诚曾经说：一个人的成功涉及两个环境，“一是自己的理想，二是现实生活的压力。这两个你都无法抗拒，也是磨炼意志的过程！我受父亲熏陶，从小的志向是当一名桃李满天下的博学多知的教师，但后来环境一变，贫穷的生活，迫使我孕育出一股更为强烈的斗志，就是要赚钱！可以说，我拼命创业的原动力就是随着环境的变化而来的！”“我这棵小树是从沙石风雨中长出来的，你们可以去山上试试，由沙石长出来的小树，要拔去是多么的费力啊！但从石缝里长出来的小树，更富有生命力。”是的，贫穷与富裕的标准是什么我们莫衷一是，但我们可以毫无疑问地说，从某种角度来说，世上没有贫穷，只有财富。这是财富名人的真实足迹，也是我们每个人拥有财富的重要理念。

宗庆后：要想富口袋，先要富脑袋

富豪档案：

姓名：宗庆后

1945 年 10 月，宗庆后出生于浙江杭州。

1964—1978 年，宗庆后在浙江绍兴茶厂从事生产技术调度工作。

1978—1979 年，宗庆后顶替母亲到杭州工农校办纸箱厂当业务员。

1987 年，宗庆后承包校办企业经销部，骑着三轮车去送货，最小的一笔生意仅赚了一块钱。

1987—1991 年，任杭州娃哈哈营养食品厂厂长。

1996 年，娃哈哈的产品扩展到儿童营养液、含乳饮料、瓶装水三大系列。

1996 年，与法国达能集团合资兴办了 5 个企业。

1998 年，推出非常可乐。

2002 年 5 月，在北京举办娃哈哈童装展示发布会，迈出多元化的第一步。

1991 年至今，任杭州娃哈哈集团公司董事长兼总经理。

娃哈哈起步于 1987 年，自 1998 年以后，连续 10 年在资产规模、产量、销售收入、利润、利税等指标上雄居中国食品饮料行业首位。娃哈哈，无疑是中国最成功的企业之一，其创始人宗庆后先生无疑也是中国顶级经营大师之一。

在当今社会大环境之下，有很多人怀揣梦想，争做时代弄潮儿。而国内首屈一指的饮料巨头娃哈哈集团从一个藉藉无名的校办小厂，成长为饮料业的龙头冠军！宗庆后，这个娃哈哈前进路上的领路人，就像是海上行船的舵手一样，引领着娃哈哈风雨兼程，攀上了光辉的顶点，还在继续稳步前进。

而作为成功的企业家，宗庆后到底是一个怎样的人？他的性格特征、价值观念、行为习惯、知识能力有哪些与众不同之处？是不是真的如外界报道的那样自信、自负、自我？

20 世纪 80 年代，身无长物的宗庆后立下军令状，担任了杭州市一家小小的校办工厂的厂长，开始了他的创业之路。当年，改革开放事业方兴未艾，人人都在寻找商机，但只有宗庆后眼光独到，看准了儿童保健品市场的空白，果断地组织人力物力，生产娃哈哈儿童营养口服液。

在宗庆后的带领下，娃哈哈集团以过硬的产品质量、独辟蹊径的宣传策略、深入人心的广告攻势，一夜之间使娃哈哈口服液家喻户晓。靠着如此敏锐的决断，宗庆后带领娃哈哈人掘到了第一桶金。但是，宗庆后没有沉迷在成功的喜悦之中，接下来，他又看到了果奶产品蕴含的商机，便投身于此，摆脱了日益饱和的保健品市场，完成了一次华丽的转身。

在宗庆后看来，“没有效益的品牌便没有任何价值”。赢利是企业家的天职，所有的品牌打造及营销设计都是建立在“赢利是可见的”这一前提下的。娃哈哈率先使用了“实证广告”，广告语没有文化品位和艺术性，但对受众有煽动性，能直接拉升销售业绩。

对消费者心理的贴近、门类繁多的宣传手段、过硬的质量——娃哈哈集团所进行的每一次更新换代，都离不开这三大撒手锏的护佑。宗庆后更是亲自冲在市场调研与产品开发的第一线，带领着娃哈哈人一同前进。看到可乐型饮料的畅销，就生产出“非常可乐”，并成功占据农村市场；看到都市人对营养功能型饮料的需要，就推出营养快线，红遍大江南北；感觉到茶饮料的前景，便推出系列茶饮料，如龙井茶、呦呦奶茶等，立刻受到市场欢迎。总是能够领先一步，总是能做出最好的口感，总是能不断进步，这就是宗庆后带领娃哈哈成功的不二法门。是的，宗庆后总是以一颗善于思考的大脑在不断创造着赢利的契机，而财富即尾随其后接踵而来，正是因为“富了脑袋”，所以才实现了“富口袋”。

成功的企业各有各的成功之道，富豪也各有各的致富秘诀，但思考是众多富豪的共同特质。亿万富翁亨利·福特说：“思考是世上最艰苦的工作，所以很少有人愿意从事它。”拿破仑·希尔曾经反复强调“思考致富”。为什么是“思考”致富，而不是“努力工作”致富？成功人士强调，最努力工作的人最终绝不会富有。如果你想变富，你需要思考，独立思考，而不是盲从他人。

“只要能够正确使用，你的头脑就是你最有用的资产。”这句犹太格言点明了“富脑袋”的重要性。“与一切知识交朋友，也可以从朋友那里学习知识。”想做个富人是好事，但富人先富有的不是口袋而是脑袋。没钱的人有个富脑袋他不会过多久穷日子，有钱人没有富脑袋他也过不了几天有钱的日子。所以，我们要先使自己的大脑富起来，心态富起来，才能成为名副其实的富人。

第十七章　富人的逻辑：永远不做大多数

马化腾：永远站在大众的立场上看问题

富豪档案：

姓名：马化腾

1971 年 10 月，出生于广东潮阳。

1984 年，随父母从海南迁至深圳。

1989—1993 年，就读于深圳大学计算机专业。

1993 年从深圳大学毕业，进入润迅通信发展有限公司，从专注于寻呼软件开发的软件工程师一直做到开发部主管。

1998 年，创办腾讯计算机系统有限公司。

1998 年至今，任腾讯公司执行董事、董事会主席兼公司首席执行官，全面负责腾讯集团的策略规划、定位和管理。

说到 QQ，无人不晓，但是提到马化腾，也许很多人会问：他是谁？有人把马化腾称为“QQ 帮主”，实际上他是腾讯公司董事局主席兼首席执行官。正是因为从大众的切身需要出发，站在大众的立场上思考问题，才有今天的 QQ。QQ 改变了许多中国人，尤其是年轻人的沟通方式。马化腾站在大众的立场上，从用户价值出发而引发原创性的创新，满足了最广大消费者的基本需求，使 QQ 成为风靡全国的休闲标志，甚至成为年轻人的主要交流和联系方式。

马化腾是个崇尚共享、自由精神的人，“我知道自己对着迷的事情完全有能力做好。我感觉可以在寻呼与网络两大资源中找到空间。”正是对自己创业的正确定位和考虑到用户的价值，使马化腾有了对于如何将寻呼与网络联系起来发展业务的想法，并开创了腾讯 QQ。

马化腾认为，腾讯的核心发展策略要紧密围绕用户价值：一切以用户价值为核心，发展安全健康活跃的平台，是腾讯获得持续、健康发展的金科玉律；广大互联网用户是腾讯价值的基础，脱离了用户价值，腾讯的一切将不复存在。只有不断增加用户社区价值，注重平台健康发展，增加活跃、忠诚用户，腾讯才可以有长远的发展。所以，在工作中，马化腾一直要求每个员工都以创造用户价值为己任，不断在营运、服务和创新上丰富和提高用户的体验和满意度。网络的空间是无穷的，网民的创造力也是无穷的。站在大众的立场上看问题，把用户价值最大化，使得腾讯 QQ 具有了无穷的生命力，“让世界回响希望，让生活演绎精彩！”马化腾曾激情澎湃地在演讲中这样说。马化腾是在给别人的生活演绎精彩，给自己的商业世界放飞希望。

站在大众的立场上，注重用户的需求，是腾讯 QQ 始终遵循的观念。对于拍拍网的成立，马化腾这样说：“腾讯最核心竞争力还在于用户间的沟通，做电子商务是希望通过沟通完成交易”，“推出拍拍网进入 C2C 电子商务市场，但腾讯的目标不是克隆一个淘宝，腾讯在 C2C 的内部定义和传统的电子商务是有区别的，腾讯的 C2C 是希望通过通信手段（一个 C）最终完成交易（另一个 C）。”他将拍拍与 QQ 紧密结合起来，使腾讯的即时通信工具 QQ，恰到好处地完成了 C2C 交易过程中的良好沟通。

“为用户量身打造各层次需求的在线生活模式，其中网络搜索归属于'信息传递与知识获取'这个层次，用以满足用户最基本的需求"是马化腾多次在公开场合阐述的公司的发展战略，伴随而生的SOSO网站，正是腾讯重视用户需求，致力于一站式、全价值链在线生活战略的具体体现。

腾讯实际是通过各种各样的运用构造出了一个全新在线的生活社区。互联网不是一个单独的产业，是一个很现实、方方面面的行业结合非常紧密的在线版本的升级。马化腾曾尝试定义在线生活，"在互联网普及、融入生活的情况下，互联网在任何时间、地点，用任何终端、任何接入方式都可以通过网络满足人们的信息获取、通信沟通、休息娱乐、商务这4个方面的需求。"

马化腾之所以在QQ领域取得如此大的成就，主要在于其站在大众的立场上看问题，把用户价值最大化的理念，这个理念符合人的本性，也符合市场的特点。这使他开拓了一个个新的领域并实现一个个发展和飞跃。

摩根士丹利分析师给予腾讯很高的评价："腾讯是中国Web2.0的领导者，而腾讯核心优势在于庞大而有黏性的网络社区，还有用户自己创造的内容。在即时通信领域，就提升服务并从中赢利的能力而言，腾讯可能是全球的领导者。"

腾讯网经过几年的发展，其网络内容提供已经具有很强的号召力和影响力，成为一个强大的互联网络资讯平台，这正如马化腾所说"把用户价值最大化"，他要与网民共同创造出一个美好的在线生活时代。天道酬勤，展望未来，马化腾的努力和勤奋必将使腾讯QQ拥有更美好的明天。

马云：天下没有难做的生意

富豪档案：

姓名：马云

1964 年 9 月 10 日，出生于浙江杭州。

1988 年，毕业于杭州师范学院英语专业。

1988—1995 年，杭州电子工学院英文及国际贸易讲师。

1995—1997 年，创办中国第一家互联网商业信息发布网站“中国黄页”。

1997—1999 年，加入外经贸部中国国际电子商务中心，开发外经贸部官方站点及网上中国商品交易市场。

1999 年至今，创办阿里巴巴网站，并迅速成为全球最大 B2B 电子商务平台，目前已成为亚洲最大个人拍卖网站。

2003 年，创办独立的第三方电子支付平台。

2005 年，和全球最大门户网站雅虎战略合作，兼并其在华所有资产，阿里巴巴因此成为中国最大互联网公司。

2006 年至今，成为央视二套《赢在中国》最有特色、最具影响力的评委，还用雅虎中国和阿里巴巴为《赢在中国》官方网站提供平台。

马云是网络时代的骄子，阿里巴巴是网络大潮的产物。在世界变为“地球村”的今天，互联网是一台不停歇的造富机器。如何正确看待互联网的意义？如何有效地利用互联网为公司的赢利目标服务？如何从互联网看到马云成就财富神话的秘诀呢？其实对互联网公司来说，神话离它们最近，但泡沫也离它们最近。马云之所以成就了财富奇迹，既与他特立独行的创业精神有关，又与他对企业具有宗教般的热忱紧密联系。

作为世界十大网站的掌门人，马云有眼光、有韧劲、有激情、有胸怀。

阿里巴巴刚建立时，马云就将其使命定位为：让天下没有难做的生意。他把大企业比作鲸鱼，将小企业称为虾米。“不抓鲸鱼只抓虾米”，他要做那些中小企业的解救者，强调电子商务要为中国的中小企业服务。他说：

“……我们在1999年做阿里巴巴的时候，我们把自己定位为——作为中国以及未来全世界的中小企业服务的电子商务。我相信中国经济的发展是靠中小型企业、个体经济，这些个体经济、中小型企业是最需要帮助的。这世界上你只有给别人帮助，给人创造价值的时候，你才能生存下来。所以我们觉得必须为中小型企业的生存、成长和发展努力。

可以说，这种以服务中小企业为主的模式是阿里巴巴独创的。马云不愿意去模仿那些已经成熟的企业的做法，他要找到属于自己的那条路。他通过自己深入调查中小企业的发展状况，准确预测中国未来的发展趋势，避开为大企业服务的激烈竞争，建立了只为中小企业服务的商务平台。在为别人提供服务付出努力的时候，马云也取得了成功。

作为财富名人，马云创造了一个又一个财富奇迹，他的财富观新颖而独特：“我想创建一个伟大的公司，而不是让马云成为中国首富”；“领导一家公司不是靠股权和权力，而是靠智慧、胆略和坦诚”；“我自己吃过这样的亏，希望别人不吃这样的亏”；“财富这东西，不是指你个人拥有多少钱，而是看你能调动多少资金去做有多大影响的事情。关键是支配财富，钱没有经过你手里花不是你的钱。而我们今天可以调动阿里巴巴的每一分钱，调动巨大的资金，从而影响多少个家庭、多少个企业，我觉得这就是财富。”

“我最喜欢出手无招的人”，马云总是以最新的策略不断更新创业思想，并身体力行于实际工作中。“创新一定是在公司以外的事情，坐在办公室里面永远不能创新，创新都是在竞争对手那里学的。如果想脱离师傅的时候，你要把剑法、棍法都融合在刀法里面。”追求创新、发扬创新精神，是其制胜的法宝之一。

在经济飞速发展的今天，很多时候我们知道输赢只在一念之间，马云强调大机遇面前的快速决策和当机立断，使他捕捉到意想不到的商机，为他的财富奇迹抹上了一层神秘而传奇的色彩。

一个企业能否成功与它的团队有千丝万缕的联系。马云说：“做企业最重要的在于团队，团队非常之重要”，“竞争对手能够拷贝我们的网站，但是无法拷贝我们的文化，无法拷贝我们的团队。凭借我们富有创业精神的团队，即使所有的机器在瞬间毁于一旦，我们也能够在最短的时间内重建阿里巴巴。”马云是靠团队打天下的。打造团队是他的用人之道，是他创业的第一大事。在“团队”的理念中，马云推崇“唐僧团队”，他强调：“就是往前冲，一直往前冲。团队有一点必须是一样的，必须有共同的目标、共同的使命感、共同的价值观。我比较喜欢唐僧团队，而不喜欢刘备团队。唐僧有很强的使命感，他去西天取经，谁都改变不了，不该做的事情，他不会去做，唐僧是一个好领导。孙悟空这种人他很有可能就变成野狗。公司里面最爱的是这些人，最讨厌的也是这些人。其实猪八戒很重要，他是这个团队的润滑剂，你别看他很反动，但是他特幽默，公司没有笑脸是很痛苦的公司。这个沙和尚我觉得是一个好员工，沙和尚这样的员工会在你的公司里踏踏实实地做。”正是这个无坚不摧的团队，正是这种向心力，使马云的财富之路具有无比坚实的基础和无可战胜的力量。

“天下没有难做的生意”，马云构建阿里巴巴时其价值观突出反映了这个理念。从互联网的出现，到电子商务的应用，到阿里巴巴的上市，再到淘宝网、支付宝、雅虎（中国）以及从 B2B 到 C2C 到搜索引擎的拓展，马云的出招都令人费解，马云在这些领域所带来的巨大影响远超过他所获得的巨大收益。

郑裕彤：不是适者生存，而是强者生存

富豪档案：

姓名：郑裕彤

籍贯：广东顺德

1925 年，出生于广东顺德。

1940 年，去周大福金铺当学徒。

1946 年，到香港开分店，成立周大福金行。

1956 年，开始独掌周大福金铺，并发展珠宝钻石业务。

1960 年，将金铺更名为周大福珠宝有限公司。

1970 年，创办新世界发展有限公司。

1984 年，郑裕彤与香港贸易发展局达成协议，投资 18 亿港元，在港岛湾仔兴建“香港国际会议展览中心”。

1989 年，郑裕彤与林百欣合作，购入亚洲电视大部分股权，使得新世界集团成为亚视两个股东之一。

也许有人听说过这样一个富豪：尽管拥有巨额财富，却不奢华，也不自夸。当港人包括传媒为其在香港富豪榜上的确切位置颇费口舌的时候，他本人却不以为然，他就是——郑裕彤。

众所周知，新世界发展有限公司，是香港十大财团、四大地产商之一，现时集团资产总值约 1111 亿港币，中港员工共有 6 万名，麾下 4 个核心业务——物业、基础建设、服务和电信，各在其所属行业担当重要角色，国际地位举足轻重，为中国最大的具有国际视野的港资投资商之一。周大福珠宝金行有限公司在香港及国内的珠宝首饰行业里，每年销售额占市场第一位；而郑裕彤，是香港新世界发展有限公司主

席，香港周大福珠宝金行有限公司主席。新世界发展有限公司的辉煌印证了郑裕彤的富豪之路。

从1940年去周大福金铺当学徒，到目前的香港新世界发展有限公司主席和香港周大福珠宝金行有限公司主席；从珠宝大鳄到地产大王；从伙计到富豪……“周大福”的发展史，正是郑裕彤——一代商界英才的成功史。

当我们深入剖析郑裕彤的财富故事，就会发现，通往成功的道路虽然不尽相同，但是，郑裕彤以他的经历说明了“强者生存”的财富理念——成功其实就是这么简单。

郑裕彤虽然拥有今天的辉煌，却也有过儿时苦苦熬过的贫寒。幼时的郑裕彤，一家人仅靠父亲开小店勉强糊口。由于家境贫困，他只念到初中便被迫辍学。在他十几岁的时候，由于日本侵略军进犯广州、香港，百万市民受战火纷飞的侵扰，衣食不稳，性命难保，纷纷出外投亲靠友……万般无奈之下，父亲郑敬诒也将郑裕彤送往澳门，到挚友周至元开的周大福金铺去当伙计。也许正是“人穷志不穷”，郑裕彤以他的聪明和勤奋换来了今天的辉煌和成功。

虽然没有什么学历，然而郑裕彤聪明勤奋、为人诚实，在这方面他堪称“强者生存”。没多久，周至元便让他学做生意。在做生意中，他又很爱动脑筋，经常外出观察别的珠宝行是怎样做生意的，吸取别人的长处，改进自己的短处。3年后便升为主管，1946年便在香港开了分店并成立了周大福金行。当时在香港，金铺比比皆是，竞争十分激烈。那时，黄金成色一律为九九金，郑裕彤却大胆投入资金，首创制造了九九九九金，率先开创了金饰制造的新工艺，同时领导了消费领域的新潮流，此举为“周大福”今后的发展奠定了雄厚的经济基础。

到20世纪50年代中期，郑裕彤掌管了周大福金铺的全部账项，并独立负责黄金交易。1956年，郑裕彤全面管理周大福金店，成了周大福金店王国的主宰。

生意蒸蒸日上，财源滚滚而来。然而，在赢利的同时，郑裕彤没有忘记公司的员工。为了增强员工的归属感，他在1960年将珠宝行改成“周大福有限公司”，将一部分股份派分给那些多年以来为公司立下汗马功劳的老职员，使公司的效益和职工的利益直接挂上了钩，真正做到了与员工同舟共济。

继金饰打响名堂后，郑裕彤再接再厉，又主攻钻石王国，而他也因此赢得“珠宝大王”的称号。

经营金饰与珠宝的成功，使原本名不见经传的郑裕彤成为香港实业界的知名人物。然而，当人们还在把他看作一个珠宝商的时候，郑裕彤已经不动声色地杀进了房地产业……而后，便雨后春笋般出现了“城中之城”的宏伟建筑，新世界酒店和丽晶酒店，“碧瑶湾”高级住宅区，美轮美奂的欧式建筑，香港会展中心……

郑裕彤达到了自己人生的巅峰，成为港岛无人不知、无人不晓的富豪。

多年来，郑裕彤创下的业绩，早已传为佳话，但综观郑裕彤的财富之路，没有一个时期、没有一项业务不是靠“勤”和“诚”发展起来的。他总结自己在生意上和生活上的“二十六字处世箴言”是：守信用、重诺言、做事勤奋，处世谨慎，饮水思源，不见利忘义。“勤”是最核心的。在他的一生中，差不多每天工作都在12个小时以上。“守信用、重诺言”“处世谨慎、饮水思源、不见利忘义”，都是讲的“诚”字。

这就是郑裕彤，在他的身上演绎了“不是适者生存，而是强者生存”的财富人生。

是的，有力量的人才是这个世界的支配者。在商业世界里，要想赚大钱，既要用强者的理论来武装自己，又要付诸天天向上的强者行动。我们所知道的新生代富豪们也全都是“战斗军”，所谓的“战斗军”即是在商业世界里坚强战斗的人。争斗是人的本性，在商业世界里，只有坚强战斗才能立于不败之地。发展的核心要素即为竞争。虽然大多数人都知道，通过竞争能获得巨额财富和至尊地位，但他们往往由于害怕受伤以及对危险的恐惧而放弃了竞争。当然，斗争必然会伴随着受伤等各种各样的危险，这时你要将伤害当成一种“收获”。因此，我们要一边忍受伤痛、一边战斗，唯有如此，才能获得更大的利益。富豪之所以成为富豪，“强者生存”是一条硬道理。

第十八章　培养财富品质，让财富主动降临

江南春：吸引财富降临到你头上

富豪档案：

姓名：江南春

1973 年，出生于上海。

1995 年，毕业于华东师范大学，取得汉语言文学专业学士学位。

1994—2003 年，任永怡传播有限公司首席执行官。

2003 年 5 月，创建分众传媒有限公司。

2003 年至今，任分众传媒董事局主席和首席执行官。

如果一个人对财富的渴望与对自己全能发展的渴望一样强烈，那么他的信念就战无不胜了。对潜意识力量的了解是一条致富的捷径，不管是从精神上还是从物质上来说都是如此。按照潜意识的规律，人们若想有钱，就会有钱，并且会有心中的平安和健康，人们的才华还可以得到自由发挥。认识潜意识的动力和创造力是致富的唯一方法。从思想上接受富有的生活。当人们怀有这种情绪时，富裕的生活就会实现。分众传媒董事长江南春的富豪之路是一条吸引财富降临的路，他在广告中的创意吸引了观众，吸引了财富，吸引了成功。

江南春的人生转折点出现在华东师大学生会主席的竞选中，江南春的胜利主要得益于他的口才和事先准备工作充分。江南春上任主席不久，一家广告公司到学生会招聘兼职拉广告。他便前往应聘。江南春连夜写了剧本，随后客户痛快地投入了十几万拍广告。第一单的成功，让原本准备只干一个月的江南春打消了回校过惬意生活的念头，把学生会的工作放下，全身心做广告。1994 年，他和几个合作伙伴成立了永怡广告公司，自任总经理。再以后，创业小成的江南春回到上海，专心经营永怡。很快，永怡发展成为上海滩信息产业界最大的广告代理商。尽管永怡发展得很好，在广告代理业打拼七八年的江南春，却很现实地意识到：在广告产业的价值链中，广告代理公司处于最脆弱的一环，赚很少的钱，付出最多的劳动。

曾经有一次，陈天桥的一席话让江南春深有感悟：发掘别人没发现的产业模式才能挣大钱。于是，江南春有了转型的念头：为什么非要一直在广告代理的战术层面上反复纠缠，不跳到产业的战略层面上去做一些事情呢？后来，在一个不经意的时刻，江南春在写字楼的电梯间门口被围观一张舒淇的广告画的人群效应吸引，他从此开创了广告传媒业的全新领域，并因此成为身价数十亿元的"钻石王老五"。永怡更名，分众传媒声名鹊起。对中高端人士的把握使它很快引来花旗银行、轩尼诗、奥迪等广告大户，更引来了软银、高盛等国际风险资本的垂青。

创意创造生意。在江南春的构建下，分众传媒旗下拥有商业楼宇视频媒体、卖场终端视频媒体、公寓电梯平面媒体（框架媒介）、户外大型 LED 彩屏媒体、手机无线广告媒体、互联网广告平台、分众直销商务 DM 媒体及数据库营销渠道等多个针对特征受众，并可以相互有机整合的媒体网络。分众传媒以独创的商业模式、媒体传播的分众性、生动性及强制性赢得了业界的高度认同。

如果说，江南春的新商业模式当初得到风险投资商的认可，并成功引进第一笔资金是江南春的资本一级跳；分众传媒的纳斯达克之旅则完成了江南春的资本二级跳；那么，分众将聚众揽至麾下应该是实现了江南春的资本三级跳。

“什么是商业最大的成功？不完全是你挣多少钱，而是对你所处的产业产生过多少影响，这个影响又一直被人记得。”江南春说。

“在创意面前生意是不平等的，有创意的生意和没创意的生意，最后投资回报率差得非常远。而且我后来越来越发现，想象力创造你的利润率。”这是分众传媒成功之后江南春对商业模式创新的感悟。江南春和他的分众传媒，用一个一个创意理念一次次吸引财富降临到他的头上，他的创意传奇谱写了一个财富神话。

让你的心灵吸引财富，告诉自己：我是吸引财富的磁铁。让这种想法成为你每日的信心，写在自己心里：“我的内在有着无尽的财源。我有权富有，我会幸福和成功。”钱是一种物质，增加对钱的吸引力，首先由想法开始，心中的想法越明确，达到目标的速度就越快。当你对财富有明确想法之后，财富就会被我们吸引过来。物质世界是思想创造出来的，我们就是我们思想的结果，我们潜意识种种的思想和观念，造就了现在的我们，我们必须将富有的想法深植于潜意识中，让潜意识强大的力量将我们的愿望实现。“吸引财富降临到你头上”，加强你的财富潜意识，吸引财富向你靠近。永远记住，不断地赚钱，不断地增加财富，不断地回馈社会，不断地学习，不断地帮助别人。做一个拥有财富的人，做一个对社会有用的人。

张近东：你的有形资产和无形资产

富豪档案：

姓名：张近东

1963 年，出生于安徽。

1984 年，张近东毕业于南京师范大学中文系，后供职于南京鼓楼区工业公司。

1990 年 12 月 26 日，张近东以 10 万元自有资金，在南京宁海路租下一个 200 平方米的门面房，取名为苏宁交家电，专营空调。

1990 年至今，任苏宁电器集团董事长。

在激烈的市场竞争中，如何尽快开拓市场让消费者认同企业的产品，更认知企业的品牌等无形资产。又怎样使无形资产成倍地催生有形资产，对于一个企业的发展是很重要的。21 世纪真正形成控制能力的资源就是无形资产。无形资产是 21 世纪促进经济增长和创造财富的新兴生产力要素。无形资产是企业重要的物质技术基础。现代企业所获得的经济效益，不应仅是靠有形资产所创造的加工利润或有形资产商品的贸易利润，还应该是靠知识形态存在的专利、商标权、技术秘密等无形资产的对外转让、许可、投资等形式获得的。无形资产无处不在，无时不在。如何创造更多的无形资产并把其管理好、经营好，是一个大的课题，不是某一个单一的知识产权要素、某一环节就能解决的。

在这些无形有形的资产中，张近东和他的苏宁又是怎样走向了成功？在苏宁的发展中，它的核心资产是什么呢？“与上游供应商的关系不仅是苏宁的资源，更应该是苏宁的核心资产，市场短缺时如此，将来市场变了也还是如此。”张近东如是说。

“先卖货，后进货”的营销创新曾经成为张近东一战成名的秘密武器：包含了对客户的热忱，对生意发展的独特眼光以及对困难的勇敢挑战。从那时起，善于举一反三的张近东将这个模式扩大，竟然创造出了后来整个空调业界都普遍采用的营销模式：反季节打款，淡季打款，旺季进货。

“淡季提前预付货款”是张近东的又一创举，通过这一创新思路，他轻易地改变了市场竞争的游戏规则，并为他后来度过苏宁诞生以来最大的经营危机奠定胜局，铺平了道路。后来，“淡季打款”订货迅速被同行仿效，成为空调界甚至商界的“行规”。

是的，事事先人一步，抢占先机，要求别人之前先想到如何给予，这是张近东早期一贯的观念，这个观念是他在营销之路上与供应商实现共赢的原因之一。

苏宁在转型的过程中进行的参股生产厂家的“反渗透”动作，是张近东战略结盟思路的又一延伸，这种货币资本的投入，加大了与厂家博弈的筹码，提升了苏宁自身的竞争力，使苏宁初步形成了庞大的羽翼。

张近东用自己的远见和胆识，通过参股等渗透形式与生产厂家合作，使自己逐渐变得强大，从而，取得了与上游厂家博弈的阶段性胜利。

1997 年的“砍大户”浪潮中，一直作为空调业经销商老大的苏宁首当其冲，面对行业环境的急剧变化，张近东迎风而上，主动调整自身的经营模式以适应变化。他果断决策：一方面利用空调行业混战以及新生品牌不断进入的时机，不断开拓新的合作伙伴，以求维持其传统的批发流通方面的优势；另一方面转变原来外地办事处的职责，从以批发为重心转到以零售为重心，将一些办事处转变成子公司，在条件成熟的地方开设零售专业店，并尝试进行连锁经营，走连锁专卖之路，做大做强零售业务。

这是苏宁一次重大的战略转折，事后证明，这一决策是正确的，张近东的确高瞻远瞩，具有战略眼光和超人胆识，使苏宁很快实现了顺利转型。

“泰山不让土壤，故能成其大；河海不择细流，故能就其深。”张近东的经商智慧里，就有泰山般高远的见识，有大海般广阔的胸襟。时势造英雄不足称道，英雄造时势才是真英雄。张近东是因生产厂商的打击而借势创新的英雄。

在 2005 年零售市场彻底开放，这使家电行业步入了相互混战、深度拼杀的阶段，市场上短兵相接的“肉搏”态势尤其惨烈，家电连锁业疯狂背后的“内虚”成为潜在的问题。在此种情况下，张近东带领苏宁超越竞争对手，利用其坐拥天下的“治国”方略，与制造商达成了价值链上的分享，此举可谓“兼济天下”。

在全国连锁过程中，本着“信息化、标准化、专业化”的发展策略，张近东又先后开创了“1200 工程”“3C 模式”“5315 工程”“3C+模式”“旗舰店战略”“后台战略”等系列经营管理创新模式，领导开发了全球领先的 SAP/ERP 系统，打造了自主培养为主的专业化人才梯队，构筑了国际化的管理平台，这些策略都深度体现了张近东以顾客为中心的经营理念，为苏宁电器的长远发展奠定了坚实基础。

综观张近东的财富发展之路，无不与苏宁的发展密切关联，而苏宁的发展之路，是一条与供应商关系交好和恶化交替变换的风雨征程，其中包含着实力强弱的博弈和“共赢思维”的统一。这其中，更蕴含着张近东的经营个性和商业智慧。

历史都是在曲折中前进的，在通往成功的道路上从来没有固定的路线。“苏宁现在已不再为开店定具体指标，我们只是放手看自己到底能跑多快。”张近东曾经如是说。“与上游供应商的关系是苏宁的核心资产”，这种集有形资产与无形资产于一体的核心资产在一定程度上成就了这位家电财富大鳄，从更深层面上则意味着苏宁的未来。

是的，在经济腾飞的今天，先进的思想、科学的理念以及独到的经营个性和商业智慧，是成就一个财富名人的必备条件。“寓无形资产于有形资产之中”，如何使无形资产与有形资产达到联系与统一的密切结合，将使我们踏上财富之路。

刘永好：勤俭的人一生富足

富豪档案：

姓名：刘永好

1951年，出生于四川省成都市。

1982年，开始创业实践。

1996年，组建了新希望集团。

1996年至今，任新希望集团董事长。

1993年，刘永好先生作为新任的全国政协委员，与中国工商界的一批知名人士发起成立中国民生银行的提案。这一提案得到国家的支持，并在1996年年初正式组成。

1993年，刘永好先生等联合国内9位民营企业家联名发出倡议，动员民营企业家们到中国西部贫困地区投资办厂，培训人才，参与社会扶贫。

2000年，他还代表中国民营企业界出席在日内瓦召开的联合国特别会议，向世界同行介绍中国的光彩事业。

提起新希望集团，我们都会想到它的董事长刘永好。简朴是刘永好给外界的普遍印象，喜欢穿天蓝色的休闲T恤，保留一贯简单的发型，一个黑色的公文包与他不离不弃。而更让人感到匪夷所思的是，这样一位富翁，还保留着从小以来的饮食习惯，出差就点麻婆豆腐、回锅肉、蚂蚁上树三样菜。勤俭节约的作风在这位富豪的身上放射出璀璨的光芒，在他那里，勤俭是财富的通行证。

“我们不是一夜暴富者，深知创业的艰辛与不易；我们企业的底蕴是踏实稳健的、生机勃勃的，因为我们的目标是创建百年希望。”一切务实、不讲排场、不图虚名，不抽烟、不酗酒、不打牌，每天开销不超过100元，吃穿随便，得体就行。刘永好经常和员工一起在食堂吃饭，和员工共用一个厕所，让员工感到亲切、亲近。刘永好也不喜欢参加很多宴会，刘永好觉得在食堂或在家里吃饭比较亲切、温馨。

有一件关于吃饭的事，更让我们对这位勤俭节约的富豪肃然起敬：1997年，刘总裁和集团几位高层管理人员在上海考察工作，吃饭晚了，几个人就在南京路大排档吃牛肉拉面，刘永好吃完后，大叫："好吃，好吃。"

"当一个人的资产超过1000万的时候，更多地就意味着责任。实际上到现在为止，我吃的、用的、穿的，跟以前差别不是特别大。"刘永好这样说。

"每年我都到北京来和这些企业家开会，但是每年总会发现少了一个、两个、三个，这20年来确实为数不多了，能够坚持在企业第一线的确实不多。"刘永好深有体会地说，"我觉得这可以想象，做企业不是那么容易，是比较难的，在这方面确实我有很多的体会。"

当有人问及新希望为什么能活下来时，刘永好这样回答："这个时候我们坚持做农业，但是我们自己没有那么大的本事，怎么办呢？我们适当投一些金融和地产，用金融和地产那几年特别好的收益，来回补和帮助我们的农产业。现在国家更加重视农产业，农产业发展新的格局，新的机会到来了，而我们把主要精力进一步放在农产业我觉得对的。我提出打造世界级农牧企业的宏大目标，而在这个目标体系下，我们领导千千万万的农民和其他企业向这目标前进，我看结果是非常理想的。所以我们说做金融也好，做房地产也好，或者我们叫作曲线救国，我们的目标是农产业，但是为了农产业的发展可持续，我们有抗风险的能力，我们也投了金融，我们现在仍然有金融的投资，仍然有地产的投资，但是我们在农业的投资和农业的产值收入和人员占到我们整个集团90%以上，我们是以农业为主的企业，这一点毫不动摇。"

勤俭品格的形成过程中，是劳动所创造的财富的积累缔造了人类社会的文明。勤俭伴随文明一同诞生，我们甚至可以说勤俭产生了文明，勤俭产生了财富。“勤俭的人一生富足”，刘永好作为一个成功企业家，一方面他骨子里已经根深蒂固养成了节俭的习惯，另一方面，也是更重要的，他心里还有更大的理想目标需要去实现。“我觉得我们这拨人走到今天这一步，大半辈子过去了，现在始终放不下的，就是背上这个沉重的责任。”

“一颗高尚的心灵，绝不屑于像懒惰者一般靠别人的劳动果实而生活；像寄生虫一般靠偷食公共粮仓里的粮食来存活；或像鲨鱼一般以捕食弱小鱼类而生存；相反，他会尽自己的全力去履行自己的义务，去关爱帮助其他人，对社会奉献出自己无私的爱和力量。无论是国王的统治，还是庄稼汉的辛勤劳作，任何一项工作若想要取得完美的成就、优良的信誉和较高的满意度，都将要付出大量的脑力劳动或体力劳动，或者两者同时付出。”巴娄如是说。勤俭的人是一个能通过自己的劳动对社会创造价值的人，从刘永好的身上，我们看到了这样的价值，我们看到了勤俭的力量和意义所在。

第十九章　一直保持头脑清醒才能获得财富

拉克希米·米塔尔：读懂形势才能够赚大钱

富豪档案：

姓名：拉克希米·米塔尔

1950 年，米塔尔出生于印度的拉贾斯特邦，他父亲在 20 世纪初就在加尔各答开始钢铁制造生意。

1971 年，米塔尔建造了自己的钢铁小作坊。

1975 年，脱离了家族企业，在印度尼西亚成立了小工厂。从这个小工厂发端，米塔尔逐渐建造了一个跨越 14 个国家的钢铁帝国。

印度钢铁巨头拉克希米·米塔尔的钢铁帝国幅员辽阔，从哈萨克斯坦的前国营钢厂，经过欧洲和非洲，一直延伸到美国。2004 年《福布斯》杂志全球富豪排行榜，拉克希米·米塔尔排在第 62 位，净资产为 62 亿美元。

如果一个人能出手 7000 万英镑买下一座豪宅，一举创下世界上单座房屋交易额的最高纪录，那么，他将自己宝贝女儿的婚礼盛宴摆到法国王宫，也就丝毫不会让人感到惊讶了。这个人就是居住在英国的富豪——大名鼎鼎的印度钢铁业巨头拉克希米·米塔尔！他是世界钢铁业界的一个神话，依靠并购迅速崛起，稳坐全球钢铁业的老大。

一次，这位让印度骄傲的富翁在新德里作了一次演讲。演讲结束之后，一个在读工商管理硕士的学生向他提问："我多久之后就能成为你?"拉克希米·米塔尔对他说："你必须努力，没有魔术让一个人一夜暴富，成功是不懈努力的结果。"拉克希米·米塔尔就是通过持之以恒的努力才拥有今天的辉煌成就的。他将好的形势与机会注入不懈的努力奋斗中，"读懂形势"为他铺垫了财富之路。

多年来，拉克希米·米塔尔在世界各地的收购项目中，一直靠着两个策略取得成功，一是将传统的鼓风炉熔炼作业方式转换为短流程钢厂，另外则是利用直接还原铁（DRI）作为原材料。这些都在很大程度上提高了工厂的效率以及降低了生产成本。他还会派出专业的管理人员前往当地稳定局面，通过精减员工数目、加大资产和技术投资等方式提高企业的生产效率。

拉克希米·米塔尔一直不遗余力地推动这股并购浪潮，在 2004 年年底更跨出了里程碑式的一步。首先在欧洲，拉克希米·米塔尔合并了家族旗下的伊斯帕特国际公司与 LNM 控股公司，并正式更名为拉克希米·米塔尔钢铁公司，之后又获准并购美国国际钢铁集团。这样在收购事项成功后，拉克希米·米塔尔钢铁公司在全球的市场份额将达到 6%，年产量将增至 7000 万吨，成为全球钢铁出货量最大的钢铁企业，远远超过之前排名第一的欧洲的阿塞洛钢铁公司（2004 年产量为 4280 万吨），而拉克希米·米塔尔也当之无愧地成为全球的"钢铁之王"。

2006 年 6 月，拉克希米·米塔尔以 250 亿欧元并购全球第二大钢铁集团阿塞洛钢铁公司，举世震惊，成就了"恐龙级"的阿塞洛·拉克希米·米塔尔钢铁集团。截至 2008 年该集团在全球 27 个国家和地区拥有61家钢铁厂，年产钢1.1亿吨，占世界钢产量的10%，销售额达560亿欧元。预计到2015年钢产量将上升到1.5亿—2.2亿吨。

拉克希米·米塔尔在马不停蹄地并购，随着印度经济的发展，政府政策和体制的改变，拉克希米·米塔尔也开始瞄准家乡的市场，除此之外中国市场是他不可能错过的目标。在中国市场，拉克希米·米塔尔钢铁公司收购了中国第八大钢铁公司湖南华菱管线37.17%的股份，与华菱集团并列为华菱管线的第一大股东。预计未来拉克希米·米塔尔仍不会停止收购的步伐，他会继续在全球各地扩充其庞大的钢铁王国。

拉克希米·米塔尔事业上的成功与印度的文化背景也息息相关。尽管在外国多年，拉克希米·米塔尔依然对印度怀着深厚的感情，例如他一直没有改变国籍，并保持着印度式严谨的生活作风，每天坚持练习瑜伽。他曾经在接受《财富》杂志采访时说："作为一个印度人是非常有好处的，你生活在一个拥有多种方言以及多种族的国家之中，你可以学到很多东西，比如如何消除分歧、如何妥协。"而且印度优秀的本土人才是拉克希米·米塔尔赖以发展的重要资源之一，一直是他工作上的左膀右臂。

拉克希米·米塔尔把自己在印度尼西亚的岁月形容为"能量爆满的10年"。当地经济非常开放，他学会了低成本生产。他把自己的公司准确地形容为"真正全球性的钢铁企业"。拉克希米·米塔尔的朋友们称，拉克希米·米塔尔曾公开宣布自己具有建立世界上最大、管理最好的钢铁公司的野心，并且不会让任何东西挡住他前进的步伐。

不过，拉克希米·米塔尔成功的主要秘诀是及时利用了钢铁生产中的两次技术革新。其中一个是从传统的高炉炼钢技术转换到使用更加有效率的微型炼钢炉。此外，拉克希米·米塔尔意识到，随着越来越多的钢铁厂采用微型炉技术，原材料废钢的价格会上涨。于是他开始投资废钢的替代品，直接还原铁（DRI），如今其公司已成为这种铁的最大厂家。

“读懂形势才能够赚大钱”，拉克希米·米塔尔看准形势，捕捉商机，以“走兼并和改造亏损国有企业的经营路线”为宗旨所创造的财富神话不能不让我们惊叹！

英格瓦·坎普拉德：创造机遇比等待机遇更快

富豪档案：

姓名：英格瓦·坎普拉德

1926 年 3 月 30 日，出生在瑞典南部的埃耳姆哈耳特，父亲是农场主。

1943 年，年少的坎普拉德在长辈帮助下建立了自己的公司，取名 IKEA（宜家）。

1953 年，坎普拉德决定放弃所有的其他业务，专门从事低价位家具的经营，宜家家居时代由此开始。

1963 年，坎普拉德在挪威奥斯陆开了第一个瑞典以外的分店，而后业务很快发展到丹麦和瑞士。

1974 年，宜家又开辟了它在全球最大的德国家具市场，之后进入加拿大、荷兰等市场。

1985 年和 1987 年，宜家成功打入美国和英国市场。

1943 年至今，任宜家家居董事长。

众所周知，瑞典的“宜家家居”（IKEA）这一名字就是它的创始人英格瓦·坎普拉德（Ingvar Kamprad）名字的首写字母和他所在的艾尔姆塔瑞德农场（Elmtaryd）以及家乡阿古纳瑞德村庄（Agunnaryd）的第一个字母组合而成的。谁也没有想到，从初创时只有一点微不足道的文具邮购业务的小公司，在不到60年的时间里就发展到在全球有180家连锁商店，分布在42个国家，并雇用了7万多名员工的“企业航母”，成为全球最大的家居用品零售商。

创造这一奇迹的传奇人物是英格瓦·坎普拉德，他因此成为亿万富翁。英格瓦·坎普拉德的商业哲学和宜家鲜明的商业文化成为欧洲管理学界钟爱的课题，也是哈佛商学院经典的核心范例。英格瓦·坎普拉德成功的原因，主要在于他善于认识机遇、抓住机遇并创造机遇，身体力行地实现自己的创富梦想。

出生于商人家庭的英格瓦·坎普拉德骨子里显然有经商的基因。他从年幼时开始，就有着强烈的挣钱愿望，打定主意今后要做个商人。

1943年春天，英格瓦·坎普拉德17岁那年，他克服种种困难，和他的叔叔填写了开办公司的申请文件，并贴上邮票寄给了郡政府。这个公司即为后来大名鼎鼎的“宜家”。

应该说，英格瓦·坎普拉德创办宜家正遇到了历史的最好时期，当时恰逢“二战”结束，战争中处于中立地位的瑞典免遭战火洗礼，但它同样面临着百废待兴的情况。当时瑞典的农村人口迅速减少，城市却在不断增多和扩大，并向郊区辐射发展。年轻人迫切需要找地方住下来，需要尽可能便宜地装修新房子。在这样的关键时刻，英格瓦·坎普拉德敏锐地看到了家具市场发展的巨大潜力。

1948年，英格瓦·坎普拉德登出了第一条家具商品的广告。广告宣传的是一种没有扶手的护理椅，以及一种咖啡桌。他为椅子取名为“露丝”，从此给每件家具取名就成了宜家的传统。广告反响强烈，这两件投石问路性质的家具卖出去不少。于是英格瓦·坎普拉德开始向老顾客印发一种叫《宜家通讯》的小册子，并在上面增添新商品的宣传。1953 年，英格瓦·坎普拉德决定放弃所有的其他业务，专门从事低价位家具的经营，“宜家家居”时代由此开始。

英格瓦·坎普拉德不但具有善于发现机遇的眼睛，而且具有创造机遇的智慧。20 世纪 60 年代初，英格瓦·坎普拉德跑到波兰，寻找低成本家具生产厂家，他的波兰之行催生了宜家第一家海外生产基地。而到 1963 年，英格瓦·坎普拉德在挪威奥斯陆开了第一个瑞典以外的分店，尔后业务很快发展到丹麦和瑞士。1974 年，宜家又开辟了它在全球最大的德国家具市场，之后进入加拿大、荷兰等市场。1985 年和 1987 年，宜家成功打入美国和英国市场，并成功地将两个地方开发成了现在第一和第二大市场。

创造机遇比等待机遇更快，1956 年，英格瓦·坎普拉德独创了“扁平式概念”，货物都摆在架子上让顾客自取，一律采用便于运输的扁平式包装，顾客回家只要按图组装就行。这成为宜家成功的秘诀之一。

现在的宜家已成为家具零售业的龙头老大。面对杰出的业绩，英格瓦·坎普拉德保持了他一贯低调节俭的风格，或许在他眼里，财富只是数字上的改变。

他虽已不直接参与公司的日常经营，但了解他的人都知道，他是个工作狂，他喜欢说的一句话是：“只要我们动手去做，事情就会好起来。我们的生活就是工作，没完没了地工作。”

生活中最成功的人总是充满快乐和希望的。他们面带笑容处理工作，富有幽默感，愉快欢乐，善于把握机会，对生活中的变化非常敏感，无论棘手的事，还是顺利的事，他们都以同样的态度对待。这些人算得上有智慧的人，他们创造的机遇会比自己想象的多。

卡洛斯·斯利姆·埃卢：勇敢地开始，不要错过时机

富豪档案：

姓名：卡洛斯·斯利姆·埃卢

1940 年，出生于墨西哥一个黎巴嫩移民家庭，他的父母 1902 年就迁入墨西哥。

1962 年，埃卢毕业于墨西哥国立自治大学土木工程系。毕业后，埃卢在商界广泛投资，他所涉及的行业从采矿、制造业、造纸业到烟草业。凭借自己的商业头脑，埃卢的产业帝国迅速膨胀。到 20 世纪 80 年代初，埃卢旗下的公司就已经雇佣有 3 万多名员工，规模已经非常壮观。这为他后来在商场上更上一层楼奠定了基础。

2007 年 7 月 3 日，墨西哥一家金融信息服务网站称，墨西哥电信大亨卡洛斯·斯利姆·埃卢所拥有的个人资产使其成为当时世界第二富有的人。

“勇敢地开始，不要错过时机”，想要尽早获得成功，就要敢作敢为，下定决心，为实现自己的目标而不惜付出一切代价。这需要极大的勇气。只有勇于行动，一心奔赴目标，有不墨守成规的智慧和勇气，才会战胜困难，取得事业的成功。在全球富豪中，墨西哥电信巨头卡洛斯·斯利姆·埃卢创造了一个神话，让许多人都叹为观止。卡洛斯·斯利姆·埃卢的财富传奇来源于他勇敢开始、抓住机会获取财富的致富思维。

当卡洛斯·斯利姆·埃卢还只有 12 岁的时候，他的父亲就给他一

笔约合20美元的资金，而卡洛斯·斯利姆·埃卢很快就让这笔钱升值了数倍。17岁的时候，卡洛斯·斯利姆·埃卢已经学会了炒股。卡洛斯通过买股票，到1965年大学毕业的时候，已经赚取40万美元。

20世纪80年代，卡洛斯·斯利姆·埃卢开始在他父亲传给他的地产项目上大展拳脚。

另外，机遇、信心、勇气与能力是卡洛斯·斯利姆·埃卢成功的最关键因素。勇敢开始，抓住机遇，在一定程度上成就了卡洛斯·斯利姆·埃卢的财富奇迹。

1982年，墨西哥遭遇经济危机、货币贬值，政府为了应对经济危机，将一些银行进行国有化，这样做的结果是导致外资撤离墨西哥。这对于卡洛斯·斯利姆·埃卢来说则是个大好机会，他本人趁机以比较低的价格接管了许多濒临破产的烟草企业和餐饮连锁公司，并逐步使其扭亏为盈。由于管理有方，这些企业在数年之后资产大增。在不到10年内，一些被他收购的企业的市值已经平均增长了300倍。在这次经济危机中，国内许多投资者都望而却步，但卡洛斯·斯利姆·埃卢知难而进。他说“父亲告诉我，不管陷入多么严重的危机，墨西哥都不会玩儿完。如果我对这个国家有信心，任何恰当的投资最终都会得到回报。”

然而真正把卡洛斯·斯利姆·埃卢推上墨西哥甚至拉美首富地位的是20世纪90年代墨西哥国有企业私有化浪潮。卡洛斯·斯利姆·埃卢组织一个财团用1760万美元从墨西哥政府手中买下墨西哥电话公司，他本人则拥有了这家电话公司的控股权。如今，墨西哥90%的电话线路都由卡洛斯·斯利姆·埃卢掌控。在很多人看来，购买墨西哥电话公司是卡洛斯·斯利姆·埃卢真正能够成为世界级富豪的决定性因素。之后，卡洛斯·斯利姆·埃卢生意越做越大，所涉足的领域也越来越多，从以前的制造业到开发房地产以及金融业。到了2002年，卡洛斯·斯利姆·埃卢的财富已经达到110亿美元，成为墨西哥甚至是拉美的第一富豪。

充分占有和垄断市场是卡洛斯·斯利姆·埃卢成功的又一秘诀。卡洛斯·斯利姆·埃卢创下了最近10年全球个人资产增值速度最快的纪录，无疑，他的巨额利润来源于他充分地占有和垄断市场。

根据《福布斯》统计，卡洛斯·斯利姆·埃卢的投资领域包括拉美最大的移动通信公司、银行、代理、保险、互联网业务、餐饮、零售、电子、石油设施、钢铁、水泥，甚至航空公司。有人说，卡洛斯·斯利姆·埃卢每分钟都在赚钱，只要墨西哥有人打电话，或是去一趟购物中心，卡洛斯·斯利姆·埃卢就能变得更富。卡洛斯·斯利姆·埃卢是至少25万墨西哥雇员的“衣食父母”，对于很多墨西哥人来说，他们生活中的一大难事就是不能过上一天不为卡洛斯·斯利姆·埃卢挣钱的日子。用美国威廉与玛丽学院墨西哥问题专家乔治·格雷森的话说就是：“卡洛斯·斯利姆·埃卢的产业简直从摇篮覆盖到坟墓，墨西哥就像是一个‘卡洛斯·斯利姆·埃卢王国’，他简直无处不在。”

卡洛斯·斯利姆·埃卢成功了，他创造了一个财富神话。勇敢和机遇为他奠定了财富之路，成就了他的富豪传奇。

如果说成功由两部分组成，第一部分是迈出第一步，切切实实采取行动，在没有任何成功保证的情况下义无反顾地朝着自己的目标迈进。第二部分就是坚持到底，绝不气馁，愿意比他人奋斗的时间更长。一旦朝着自己的目标进发，就要下定决心不达目的誓不罢休。在竞争中，最坚决果断、不屈不挠的人几乎无一例外地都能获得最终的成功。

“勇敢地开始，不要错过时机”，现实生活中往往是想什么就来什么，想得越多、做得越多，来得也越多。世界上最珍贵的事物都是那些行动中的人创造的，财富只向勇敢者招手，一颗勇敢的心才能叩开财富之门。

沃伦·爱德华·巴菲特：投资越早，致富越快

富豪档案：

姓名：沃伦·爱德华·巴菲特

1930年8月30日，出生在美国内布拉斯加州的奥马哈市。

1941年，11岁的巴菲特购买了平生第一张股票。

1947年，巴菲特进入宾夕法尼亚大学攻读财务和商业管理。

1949年，巴菲特考入哥伦比亚大学金融系，拜师于著名投资理论学家本杰明·格雷厄姆。在格雷厄姆门下，巴菲特如鱼得水。

1956年，他回到家乡创办巴菲特有限公司。

1964年，巴菲特的个人财富达到400万美元，而此时他掌管的资金已高达2200万美元。

1965年，35岁的巴菲特收购了一家名为伯克希尔·哈撒韦的纺织企业。

1994年年底，已发展成拥有230亿美元的伯克希尔工业王国，由一家纺纱厂变成巴菲特庞大的投资金融集团。多年来，在《福布斯》一年一度的全球富豪榜上，巴菲特一直稳居前三名。

在1993年时，《财富》杂志就估计沃伦·爱德华·巴菲特拥有170亿美元财产，他是如何变得如此富有的呢？他的秘诀是：储蓄，投资，再储蓄，再投资。

被公认为“股票投资之神”的巴菲特从11岁就开始投资股市，今天他之所以能靠投资理财创造出巨大的财富，完全是靠60年的岁月，

慢慢地在复利的作用下创造出来的；而且他自小就开始培养尝试错误的经验，对他日后的投资功力有关键性的影响。

巴菲特是有史以来最伟大的投资家，他依靠股票、外汇市场的投资成为世界上数一数二的富翁。他倡导的价值投资理论风靡世界。

“投资的第一条准则是不要赔钱；第二条准则是永远不要忘记第一条。”巴菲特这样说。因为如果投资1美元，赔了50美分，手上只剩一半的钱，除非有百分之百的收益，才能回到起点。巴菲特最大的成就莫过于在1965年到2006年间，历经3个熊市，而他的伯克希尔·哈撒韦公司只有一年（2001年）出现亏损。

“别被收益蒙骗”，这是巴菲特投资股市成功的又一因素。他更喜欢用股本收益率来衡量企业的赢利状况。股本收益率是用公司净收入除以股东的股本，它衡量的是公司利润占股东资本的百分比，能够更有效地反映公司的赢利增长状况。根据他的价值投资原则，公司的股本收益率应该不低于15%。在巴菲特持有的上市公司股票中，可口可乐的股本收益率超过30%，美国运通公司达到37%。

人们把巴菲特称为“奥马哈的先知”，因为他总是有意识地去辨别公司是否有好的发展前途，能不能在今后25年里继续保持成功。预测公司未来发展的一个办法，是计算公司未来的预期现金收入在今天值多少钱。这是沃伦·爱德华·巴菲特评估公司内在价值的办法，然后他会寻找那些严重偏离这一价值、低价出售的公司。

绝大多数价值投资者天性保守，但巴菲特不是。他投资股市的620亿美元集中在45只股票上。他的投资战略甚至比这个数字更激进。在他的投资组合中，前10只股票占了投资总量的90%。晨星公司的高级股票分析师贾斯廷·富勒说：“这符合沃伦·爱德华·巴菲特的投资理念。不要犹豫不定，为什么不把钱投资到你最看好的投资对象上呢？”

如果你在股市里换手，那么可能错失良机。巴菲特的原则是：不要频频换手，直到有好的投资对象才出手。他常引用传奇棒球击球手特德·威廉斯的话："要做一个好的击球手，你必须有好球可打。"如果没有好的投资对象，那么他宁可持有现金。据晨星公司统计，现金在伯克希尔·哈撒韦公司的投资配比中占18%以上，而大多数基金公司只有4%。

巴菲特还有一个习惯，不熟的股票不做，所以他永远只买一些传统行业的股票，而不去碰那些高科技股。2000年年初，网络股出现强劲势头的时候，沃伦·爱德华·巴菲特却没有购买。那时大家一致认为他已经落后了，但是现在回头一看，网络泡沫埋葬的是一批疯狂的投机家，巴菲特再一次展现了其稳健的投资大师风采，成为最大的赢家。

另外，巴菲特告诫大家在投资中不要幻想做完美主义者，庄家洗盘是必然的，也是不可预计的，不要因小利益耽误大行情，不要因小变动迷失大方向；看大方向赚大钱，看小方向赚小钱。在股市中鱼和熊掌是不可兼得的。

"投资的秘诀在于，看到别人贪心时要感到害怕，看到别人害怕时要变得贪心。"沃伦·爱德华·巴菲特认为在投资中要战胜贪婪和恐惧的人性弱点，采取人弃我取、人取我弃的投资策略。

巴菲特凭借投资来赚钱，作为一个如此卓越的成功投资家，他是世界上最伟大的投资家，他是一个非常平凡、普通的人，然而他成就了股市神话，他以股神的神奇般经历创造了一个财富传奇。

在现实生活中，很多年轻人总认为投资是中年人的事，或是有钱人的事，其实投资能否致富与金钱的多寡关系并不是很大，而与时间长短之间的关联性很大。人到了中年面临退休，手中有点闲钱，才想到为自己退休后的经济来源作准备，此时却为时已晚，原因是时间不够长，无法使复利发挥作用。要让小钱变大钱，至少需要二三十年以上的时间，所以投资活动越早越好，越早开始投资，利上滚利的时间越长，便会越早达到致富的目标。如果时间是投资不可或缺的要素，那么争取时间的最佳策略就是“心动不如行动”。现在马上开始投资，就从今天开始行动吧！